听科学家讲我们身边的科技

霍普的珊瑚岛之旅

汪 稔 吴文娟 等 著

科学出版社

北 京

内 容 简 介

提起珊瑚礁,人们通常会想到五彩缤纷的珊瑚、穿梭在珊瑚丛中的鱼群、美丽的贝壳……而我迄今难忘的是珊瑚礁周围白茫茫一片的珊瑚砂。珊瑚砂是珊瑚礁、岛上唯一的"土壤"资源,本书通过连串的故事来认识珊瑚砂,讲述孤悬在浩瀚大洋中的珊瑚礁岛上洁白细砂的来源、珊瑚砂的特点、珊瑚砂的作用以及珊瑚砂上发生的与岛礁生活息息相关的"奇迹"。

本书不仅普及有关珊瑚礁、珊瑚砂的科学知识,带领读者欣赏婀娜多姿的珊瑚,还意在提高公众,特别是青少年对珊瑚礁的认知,唤醒他们对海洋的热爱。

图书在版编目(CIP)数据

霍普的珊瑚岛之旅/汪稔等著. —北京:科学出版社,2018.1
(听科学家讲我们身边的科技)
ISBN 978-7-03-055599-1

Ⅰ.①霍… Ⅱ.①汪… Ⅲ.①珊瑚岛-普及读物 Ⅳ.①P737.2-49

中国版本图书馆 CIP 数据核字(2017)第 286331 号

责任编辑:张颖兵 何 念/责任校对:邵 娜
责任印制:彭 超/装帧设计:苏 波
插图绘制:查理斯

科 学 出 版 社 出版
北京东黄城根北街 16 号
邮政编码:100717
http://www.sciencep.com

武汉市首壹印务有限公司印刷
科学出版社发行 各地新华书店经销
*
开本:B5(720×1000)
2018 年 1 月第 一 版 印张:8
2019 年 11 月第三次印刷 字数:113 000
定价:**35.00 元**
(如有印装质量问题,我社负责调换)

"听科学家讲我们身边的科技"丛书编委会

序

    月初,在青岛泰山高峰论坛期间,遇到汪稔兄和他的学生吴文娟,说起他们即将完稿的一本科普作品《霍普的珊瑚岛之旅》,顿感兴趣,原因有二:一是在学术界到处是唯 SCI 论文喧嚣的今天,有人能够安下心来写科普,实在是难能可贵;二是该作品的主题又把我拉回到了2014 年 4 月应汪兄之邀的那次刻骨铭心的南海之旅。当汪兄邀我为该作品写一个序时,我有种受宠若惊的感觉,因为自己既不是官,也不是名人,为汪兄的作品写序实在不敢当;但因为上面二点原因,我欣然接受,写下一些我的学习心得。

    《霍普的珊瑚岛之旅》是一本富有情趣且包含许多知识点的科普作品。该作品以一个少女霍普跟随妈妈一起到珊瑚岛假期旅行为线索,将有关珊瑚、珊瑚砂、珊瑚礁、珊瑚岛以及岛礁生活中的知识,通过一个个生动的故事场景和霍普与母亲之间通俗易懂的对话,如细雨润无声地普及给读者,读来饶有情趣,具有很强的知识性、通俗性、趣味性和启发性。

    知识性是科普作品的根本。在这方面该作品可圈可点的部分很多,使不同层次的读者阅后都会感到获益匪浅。如本作品中关于白色珊瑚砂的成因,它们几乎都是鹦鹉鱼排出的粪便,这可能会使许多读者十分惊讶并从中获得新的知识;又如在描述珊瑚礁的起源和形成过程时,顺带提到了最早的生物礁建造者蓝藻,与珊瑚同时出现的苔藓虫、石状海绵、红藻类等其他生物的知识;再如作品中占了几个章节,介绍了岛礁上如何收集淡水、如何填海造地、如何培育蔬菜、如何利用珊瑚墙等相关知识。作品中的知识点很多。

通俗性是科普作品的特点。使普通读者或非同行的学者能够十分容易地理解一些深奥的知识,这是科普作品的一项基本任务,而实现之途径就是通俗化。在这方面本作品十分到位。如描述鹦鹉鱼这一章节,将鹦鹉鱼比喻成"瞌睡虫",夜间藏匿在珊瑚礁石的隐蔽处会好好"睡觉",连潜水员将它们拿在手中也浑然不知;它们睡觉时会从口中分泌出黏液,利用鱼鳍织成一层透明的膜将全身包裹住,如同"睡衣"一样,睡醒后,它们还会把"睡衣"收回口中。又如在描述海参时,将海参比作海底的"搬运工",它们像吸尘器一样吸收经过区域的沙子,消化掉营养物质后,将干净的沙子排出体外,并且还会将沙子粘到身上作为伪装,帮助它们躲避敌害。

趣味性是科普作品的特色。由于科普作品的受众主要是普通的、非专业的读者,其中青少年读者占大部分,趣味性可以提高科普作品的可读性和青少年读者对作品中知识点的兴趣。本作品以蔚蓝的大海和绚丽多彩的珊瑚岛礁自然风光为背景,虚构了霍普跟随妈妈在珊瑚岛旅行过程中的一连串奇遇;以一个 12 岁少女的视角,通过她对美轮美奂的珊瑚礁各种现象的观察,以及她与妈妈、爷爷和同伴之间的问答,将珊瑚、珊瑚砂、珊瑚礁等相关知识普及给读者,这种电视剧式的蒙太奇手法十分成功,也大大提升了本作品的趣味性。

启发性是科普作品的灵魂。一个科普作品成功与否,不仅取决于它的知识性,更重要的取决于这些知识所能带来的启发性。本作品很好地做到了这一点。作品中霍普的许多感悟都具有很强的启发性。如在第六章"龙宫刺猬与它的亲戚"中,在霍普了解了海胆、珊瑚、海藻、海参、棘冠海星之间的生物链以及对珊瑚礁生态系统的影响后,她说出了"看来被人类喜爱也不一定是一件好事"的话,给人深思。又如,当霍普听完了妈妈讲的关于珊瑚礁的形成过程后,不禁感叹道:

"没有珊瑚礁,就没有这些生命群体",她忽然发现弱小的生命也可以为其他生命遮风挡雨,也可以"强大"到保护其他的生命。当霍普了解到地球上发生过几次大的物种毁灭,每一次珊瑚都遭到巨大的打击,然而,在1000万年后,珊瑚礁再次得到复苏,并持续发展到了现在,她的感悟是"它们的命运真是曲折,但是它们的生命又很顽强!"。作品中关于珊瑚砂是由鹦鹉鱼啃食珊瑚后排泄而成的知识,给人以一种自然历史久远而人类历史十分短暂的许多遐想。而这些感悟和启迪正是科普作品给予读者最为宝贵的价值所在。

一口气读完这本科普作品,我从心里感谢汪兄和他的学生写出这样一本优秀的科普作品,这是一件大好事,我们的社会太需要这样的作品了。

南京大学　施斌

2017 年 12 月 30 日于南京仙林

前言

人类出现以前，在地球上温暖的热带海域，出现了许多个珊瑚骨骼堆积的岛屿——珊瑚岛礁，珊瑚礁里的珊瑚虫缔造了美轮美奂的海底世界，它们的骨骼堆积成了岛屿，形成了洁白的白沙滩，并为大海中千千万万种海洋生物提供了生存的家园，而此时，它们也成为人类远离尘嚣的人间天堂。

很多人去过黄色的金沙滩，在沙滩上踩过脚印，捡过贝壳，也有不少人见过细腻柔软的白色沙滩上"椰林树影，水清沙幼"的迷人景色，却很少有人会去想这些沙子是怎么来的，这些沙子都有什么样子，它们有什么用途。

沙子在人们的生活中屡见不鲜，然而珊瑚砂并不为人们所熟识，本书不仅展现了五彩缤纷的珊瑚世界，还向读者介绍了什么是珊瑚礁、珊瑚砂，珊瑚砂的特点和它奇特的来源以及珊瑚砂带给人们的惊喜。书中的最后一部分讲述珊瑚礁因为人类的无知正面临着从地球上消失的威胁，呼吁人们要好好保护美丽而又脆弱的珊瑚礁，不要让美丽的珊瑚岛礁、细软的白色沙滩从我们的世界中消失。

我们惊喜于得遇一个如此珍贵的机遇，将珊瑚砂"赤裸裸地"呈现在众人的面前。此次写作机会，让我们时时回忆起珊瑚岛礁生活的点点滴滴，在那里，我们第一次见到美丽的白沙滩，第一次见到会飞的鱼，第一次拨弄海胆……令我最难忘的还是那迷人的白色珊瑚沙滩，而现在，珊瑚砂成为我们科研生涯中不可分割的一部分。本书能够如此顺利地付梓,得益于许多人的支持与帮助。在这里,我们郑重地感谢中国科学院武汉岩土力学研究所和武汉科学普及研究会的支持与关怀,感谢武汉岩土力学研究所海洋工程地质组朱长歧、孟庆山、胡明鉴、叶剑红、魏厚振、王新志、沈建华以及吕士展等诸位老师的倾情付出,他们作为本书的合著者对书中知识点的把握,后期书稿的修改、润色等做出了重要贡献。同时,非常感谢黄鼎成老先生和赵美霞老师对本书提出的宝贵意见,以及广西大学珊瑚礁研究中心的余克服教授、潍坊科技学院李美芹教授的支持和慷慨相助,并感谢科学出版社领导和编辑在撰写本书过程中对我们的支持和耐心、专业地指导。

作　者

2017 年 9 月 28 日

于武汉小洪山

目　录

第一章
初登珊瑚礁岛

汽笛长鸣了两声,海轮开始进港靠泊,船舱里的人们也随之躁动起来。船行一夜,这声音仿佛成了大家的期盼。人们常常在陆地上向往着大海,而在大海上航行时又盼望见到陆地。这仿佛很是矛盾,但只是因为所处环境的不同而已。

一出船舱,海风裹挟着海水的气息扑面而来。霍普理了理被海风吹乱的头发。早上气温不高、海风湿润,给人的总体感觉还算舒适。蔚蓝的天空下,一片是耀眼的洁白,一片是清新的葱郁,四周弥漫着馨香,没有高楼大厦的喧嚣,也没有车水马龙的嘈杂。

"妈妈,快走啦!"霍普自从上岛以后就按捺不住,放下行李就急急忙忙地拉着妈妈出去,完全不顾此时灼人的骄阳。

她们来到海边沙滩上,入目最显眼的,是一片白色的世界,白的像雪,白的像九重天宫掉落的玉屑,在毫无遮掩的阳光下,向前延伸着,伴随着两旁柔嫩、清澈的海水,一直延伸到白绿交融的结合部。还有几只小螃蟹在沙滩上爬来爬去。

霍普光着脚丫,兴奋地在沙滩上跑着,留下一串串深深浅浅的脚印。忽然她停下来欣喜地大叫:"妈妈,快过来看,看我发现了什么!"

妈妈捡起她手指着的白色石头。这石头有手掌那么大,上面布满了曲曲折折的花纹,好似迷宫一般,乍看又像人的大脑。

"这是一块珊瑚石,是一种扁脑珊瑚。"

"珊瑚？这个名字真好听。妈妈,什么是珊瑚?"霍普仰起脸,不解地问。

"许多人以为珊瑚是一种植物,其实珊瑚是一种非常古老而原始的动物,它们生活在浩瀚的海洋中;但通常说的珊瑚,其实是由许多小巧可爱的小虫子和它们的分泌物及其骸骨构成的,这些虫子相互依偎,过着亲密的群体生活,我们把这些小虫子叫作珊瑚虫,它们是海洋中的低等动物,属于腔肠动物门珊瑚虫纲。"

"珊瑚虫?它们生活在这块石头里?"霍普从妈妈的手中拿过石头,翻来翻去,她正是最富有好奇心的年龄,这个世界的一切都撩拨着她的心。

"你看,这块石头上有许多弯曲的沟壑和孔洞,珊瑚活着的时候,珊瑚虫就生活在这些沟壑和孔洞里,这样就可以避免水流冲刷对它们造成的伤害。珊瑚的生命结束之后,珊瑚虫就消失了,只剩下它的骨骼留在原处,成为珊瑚石。这块脑珊瑚可能是被海浪冲到沙滩上来的。"

"这么说,我们很难看到珊瑚虫了?"

"珊瑚虫的体型差别很大。细小的珊瑚虫直径大约有一至二毫米,像米粒那样大小,这样的珊瑚虫肉眼是比较难分辨的;大的珊瑚虫可以到几十厘米,有巴掌大小。珊瑚虫们一般以群体生活,这样的珊瑚虫的个体一般比较小,而有一些珊瑚虫以单体生活,个头就大一些,比如石芝珊瑚,这是一种形状像灵芝的珊瑚,一个石芝珊瑚就是一个单体珊瑚虫,能长到十几厘米大。"

"妈妈,这片白色的沙滩难道都是珊瑚吗?"聪明的霍普似乎明白了什么。

"是啊,这片沙滩上白茫茫的沙子几乎都是珊瑚石的碎屑,有一小部分贝壳,还有一些我们看不到的其他生物的骨骼,科学家称这样的沙为生物沙。"妈妈捡起一个漂亮的贝壳递给霍普。

"难怪沙滩上的沙子都是白色的。"霍普拿过贝壳,想了一会儿说。

她将贝壳放在那块珊瑚石的旁边,然后卷起裤脚,踩进海水里。与岸滩上的炙热形成了鲜明的对比,清澈透亮的海水让她觉得凉爽。

两条巴掌大小的蓝色带白条的鱼儿悠闲地从她脚面上方游过。

躺在岸上的石芝珊瑚石

霍普兴奋地蹲下身去捉，手刚触碰到水面，两条小鱼便快速摆动尾鳍，转瞬间消失得无影无踪。

妈妈忍不住笑出了声。

"妈妈，有鱼，它们跑去哪里了？"霍普回头看向妈妈。

"它们跑到远处的珊瑚礁里去了。"

"珊瑚礁？什么是珊瑚礁？它跟珊瑚是什么关系？"

"珊瑚礁是一种生物礁，是个庞大的海洋生态系统。珊瑚岛向四周延伸出去的海面下有成片成片的珊瑚群，珊瑚虫们彼此紧密联系在一起，层层叠叠，世世代代的珊瑚虫的骨骼组合在一起，经过沉积和固化形成了珊瑚礁岩，后来又有更多的珊瑚虫在这些礁岩继续生长繁殖，经过数千万年，就形成了岛屿，也就是所谓的珊瑚岛礁。在深海和浅海中都有珊瑚礁的存在，珊瑚礁为其他的海洋生物提供了饮食起居和传宗接代的生活环境，那里就像一个海洋生物的大家园，而且是海洋中最丰富多彩的大家园。"

"珊瑚虫的骨骼堆积成礁石、岛屿、沙滩,还为大海中的海洋生物提供生活乐园……"霍普简单地总结着妈妈的话,确切地说她是在总结着珊瑚虫存在的意义,只是后来她才真正体会到这意义的所在。

"是啊! 珊瑚礁被称为'海洋中的热带雨林',世界上有四分之一的海洋生物生活在珊瑚礁里,对于这些海洋生物来说,珊瑚是友善的房东与亲密的共生伙伴,没有珊瑚礁,就没有这些生命群体。"

"没有珊瑚礁,就没有这些生命群体?"霍普重复着妈妈的话。虽然她不能完全明白其中的关系,但是忽然发现弱小的生命也可以为其他生命遮风挡雨,也可以"强大"到保护其他的生命。

妈妈点了点头,"现代的生物礁主要是由珊瑚建造的,所以称为珊瑚礁,然而,最早的生物礁的建筑者并不是珊瑚,而是一种叫作蓝藻的生物"。

"蓝藻? 它也是一种动物吗?"

"蓝藻是一种微生物,它们是一个个独立生活的细菌。海洋生物学家认为像珊瑚礁一样的生物礁在二十亿年前就存在了,那个时期蓝藻是生物礁的建造师,它们靠生成的长长的胶质丝捕获海水中的生物残骸和小的沙砾,与附近的同类粘在一起,形成庞大的生物礁。"

霍普若有所思地点点头,"珊瑚是什么时候出现的? 它们是怎么来的?"

"最早的珊瑚是在约五亿年前出现的,它们由原始细胞动物的祖先进化而来,珊瑚出现的时期,苔藓虫、石状海绵、红藻类的其他生物也加入到造礁运动中。"

"它们出现得比恐龙还要早!"

妈妈点点头,继续说:"后来地球上发生过几次大的物种毁灭,每一次珊瑚都遭到巨大的打击。六千五百万年前地球上最后一次大的物种毁灭,恐龙灭绝了,许多珊瑚种类也遭到灭顶之灾,直到一千万年后,珊瑚礁才再次得到复苏,并持续发展到了现在。"

"它们的命运真是曲折,但是它们的生命又很顽强!"

"是啊,但是它们的生命又是敏感而脆弱的。珊瑚依赖海水而生,然而并非所有的海域都是理想的居住地,别看珊瑚虫的个头微小,生活空间也相当狭窄,但是它们对于自家生活环境非常挑剔。海水的温度、盐度、深度、水流速度以及水中的营养物质等,都在珊瑚虫们安家的审核标准之内,有些珊瑚的选择是近乎苛刻的。"

"那珊瑚虫们都喜欢在哪里安家呢?"

"它们通常喜欢生活在温热的海水中,主要居住在热带、亚热带的干净无污染的浅海海域,所以在热带海域分布着许多珊瑚礁、珊瑚岛;但是科学家发现,有为数不多的珊瑚也居住在一百至二百米深冷的海水里。"

岸礁

堡礁

环礁

霍普皱着眉头，认真琢磨着珊瑚虫们的喜好。

"珊瑚礁常常有不同的形态，主要是岸礁、堡礁和环礁。"妈妈一边说着，一边在沙滩上用沙子堆出来它们的形状。

"岸礁也称裙礁，它们紧靠大陆或者岛屿的边缘生长发育，像一条花边镶在海岸上，通常位于三十米左右的浅水之中。"妈妈继续说道，"珊瑚通常在面向海洋一侧生长旺盛，这里没有从陆地上冲刷下来的沉积物，而在面向大陆的一侧，由于沉积物的影响，很少有珊瑚生长。沿岸生长的珊瑚礁对海岸起到了很好的保护作用，使海岸免受海浪的侵蚀破坏。"

"那堡礁呢？"霍普问道。

"堡礁又称堤礁，分布在离岸一定距离的海域中，由堤状珊瑚礁构成，它们像一条长堤一样，环绕在海岸的外围，与大陆海岸间隔着一个礁湖，科学家称之为潟湖，这是一片开放水域，海水较深，在二十至一百多米，湖中的沙子一般是柔软的细沙，堡礁在大洋和潟湖之间形成了一道天然的屏障。世界上最著名的堡礁是澳大利亚东海岸的大堡礁。"

妈妈看向霍普，霍普似懂非懂地点点头。

看着妈妈在沙滩上用沙子堆成了一个环状的结构，霍普说："这个就是环礁吧！"

"是啊！环礁就是珊瑚礁形成的环状或弧形岛屿，出露于海面上，高度不大，它们的中间也有一个礁湖，湖水浅而平静，而环礁的外缘却是波涛汹涌的大海。环礁上通常有灰沙岛或者礁岩岛。我们现在所在的这个岛屿就生长在环礁上呢！"

"妈妈，你不觉得这几个形态之间似乎有点联系吗？"霍普此时皱着眉头，认真地在思考。

妈妈抬头看着霍普，心中万般滋味。她发现自己的霍普比以前更加聪明、美丽了，自从三年前自己选择留岛工作，她与女儿之间聚少离

白色的珊瑚沙滩

多已经成为常态。看见女儿的成长，她开心、欣慰却又满怀愧疚。

"妈妈?"霍普没有听到妈妈说话，担忧地轻唤道。

"对不起，霍普，妈妈走神了。你发现了什么联系?"妈妈微笑着问。

"这个岸礁，这个大陆向下沉一些的话，这个珊瑚礁与大陆之间不就隔开了吗? 它一直向下沉的话，就会剩下环状的环礁了吧。"霍普说得很简单。

"你说的没有错。"妈妈很平静地评价她说，"伟大的生物学家查尔斯·罗伯特·达尔文在19世纪40年代提出过一个理论，他认为珊瑚礁就是从最初的裙礁发展成堡礁，最后演化成了环礁。最初是大洋中一个火山爆发形成了一个小小的火山岛，上端出露出海面，后来珊瑚等一些造礁生物在火山岛周围定居下来,慢慢占据小岛,环绕一圈,形成了明显的裙礁结构。后来火山岛渐渐下沉,一部分珊瑚礁也沉入深海中,但是珊瑚继续向上生长,珊瑚礁和火山岛之间的距离慢慢增加,就形成了堡礁。火山岛继续下沉,或者海平面上升,火山岛完全沉没于海中,然而珊瑚礁还在继续向上生长着,最终形成了一个环绕着一个暗礁的环礁。"

霍普不知道大陆为什么会下沉,海平面为什么会上升,她觉得一切都让人不可思议,但是一切似乎又在情理之中。

她将那块珊瑚石放进自己的口袋,在沙滩上捡起了贝壳,没走几步,就捡到了两三个漂亮的贝壳。霍普似乎很享受拾贝带来的快乐,尽管已经满头大汗,依然乐此不疲。

第二章
奇形怪状的沙子

　　傍晚,涨潮了,浪花一波又一波地打到沙滩上。霍普和妈妈享用完一顿美味的海鲜,回到海边的小屋。

　　霍普正摆弄着自己在沙滩上拾回的大大小小的贝壳、海螺,还有不同形状的珊瑚石。这些是她第一次来到珊瑚岛的礼物。

　　"霍普,你来看。"妈妈从口袋中掏出从海滩带回的珊瑚砂,并拿来一小瓶透明液体。

　　霍普凑了过去。妈妈将透明液体滴在沙子上,迅速地产生了气泡。

　　"哇,好多气泡。妈妈,这是什么?为什么有气泡出来了?"霍普迫不及待地问。

　　"这种白色的液体是盐酸,你看,它跟珊瑚砂能发生剧烈的化学反应,因为珊瑚砂百分之九十以上的成分是碳酸钙,它们反应产生二氧化碳,形成了这些气泡。"

　　"这么说珊瑚虫的骨骼都是碳酸钙?"

　　"是的。珊瑚虫利用海水中溶解的二氧化碳和钙离子然后分泌碳酸钙来形成自己的坚硬的骨骼。"

　　"珊瑚砂跟我以前见过的沙子不一样是吧,妈妈? 城里的沙滩都是黄色的,珊瑚沙滩是白色的,就像刚蒸好的珍珠米一样!"霍普的眼睛亮亮的,似乎真的看到了珍珠米。

　　"是的,这是珊瑚砂的特点。黄色的沙滩是硅质沙滩,它们的沙子和沙漠中的沙子一样,主要成分是石英,也就是二氧化硅;白色的珊瑚沙滩则是钙质沙滩,不过要是你知道这些珊瑚砂都是怎么来的就不会觉得它们像珍珠米了。"妈妈宠溺地摸了摸霍普的头。

　　"妈妈,那珊瑚砂是怎么来的?"

　　"这是珊瑚砂的'秘密',现在先不告诉你,等我们去到海里你就会发现了。"妈妈给霍普留下诱人的悬念。

妈妈从行李箱中掏出一架精巧的体视显微镜,熟练地在载玻片上粘了几粒沙子,放在载物台上,再对准沙粒中心慢慢调节着显微镜镜头的焦距。霍普的妈妈经常用这架显微镜观察这个习以为常的世界。

"你看,霍普。"

霍普小心翼翼地凑上去,长长的睫毛在灯光下微微颤动。她看见视野中间有一个浅蓝色的螺旋状的东西,右下方有一粒泛黄的布满孔隙的扁球状颗粒,它的棱角比较分明。

"妈妈,这是什么?"

"这些就是珊瑚砂啊,只是珊瑚砂在显微镜下呈现出了不同的姿态!"

霍普立刻来了兴致,又对准了显微镜细细端详起来,"妈妈,中间的应该是一个贝壳吧!"霍普抬起头,眼睛瞪得大大的。

"嗯,霍普真聪明! 这颗贝壳经历大海日积月累的冲刷打磨,已经有些泛白,却依旧保留着大海的色彩!"

"大海的色彩? 那应该是蓝色吧!"霍普对大海又多了一份憧憬。

"旁边那个是珊瑚砂粒,它保持了原来珊瑚破碎时候的形态,有尖尖的棱角;珊瑚的表面因为有珊瑚虫居住,会有许多细小的孔洞,有的珊瑚生长的过程中骨骼比较疏松,内部也会有许多看不到的孔隙。因此,珊瑚砂有多孔的特点,其中内孔隙能占到珊瑚砂孔隙的百分之十,它们的表面凹凸不平,十分粗糙,而硅质的石英砂表面一般比较平整、光滑。"

霍普认真地看着。妈妈粘好另一个玻片拿过来,俯身调整好显微镜,她向霍普做了个手势。

这一次,视野中是洁白的一片,霍普发现了几颗像星星一样形状的沙子,上面布满了密密麻麻的小孔,偶尔一个大孔,还有透明针状的、网格片状的、纺锤状的、枝状的、棒状的……

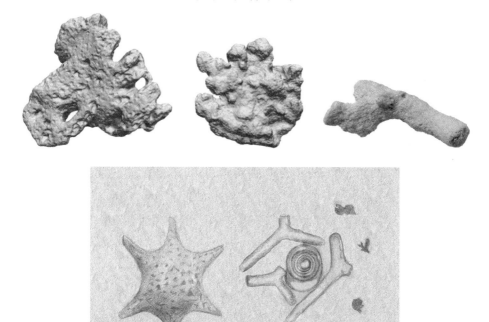

形状各异的珊瑚砂

"妈妈,这些珊瑚砂真是奇形怪状,什么样子都有! 在这个镜子下面看,它们真漂亮!"

"是啊! 诗人曾说一沙一世界,现在看来,这沙子的世界真是令人惊艳呢!"

妈妈对着显微镜里看了一会儿,向霍普解释说:"这些沙中星状的沙粒是有孔虫分泌的钙质外壳。它的外壳上有许多孔,因此被称为有孔虫。这是一种古老的原生动物,五亿多年前就产生在海洋中。它们的遗骸沉积在礁石上与珊瑚的骨骼胶结在一起,有些地方的礁石有孔虫的遗骸占据了主要地位。有孔虫的种类非常多,不同的时期有不同的种类,科学家们往往根据有孔虫的沉积物确定地层的地质时代,甚至还可以用来寻找石油。"

"原来这些沙子还有这样的用途!"

"是啊!这种'星星沙'难得一见,日本海域的'星星沙'最为知名,是当地人民保护的稀有资源。"

"真难想象这些漂亮的沙子居然是生物的骸骨,不知道的还以为是某种宝石呢!"

"那可说不准呢!像红珊瑚、黑珊瑚、金珊瑚这些稀有品种,本身就是价格不菲的有机宝石。珊瑚礁中还生活着一种大型双壳类软体动物,名叫砗磲,它的外壳也是一种稀有的有机宝石,成色好的砗磲价值连城呢!"

"哇!能有机会认识一下这砗磲就好了。"霍普笑嘻嘻地说。

妈妈忍不住笑了起来,接着说道:"我们来接着看看这些沙子。你看,纺锤状的沙粒是珊瑚骨骼,它们表面凹凸不平,外形比较复杂。有的像一个个小山丘一样;有的像蜂窝状,保留了原生生物骨架的形态。这种纺锤状的珊瑚砂砾中往往含有内部孔隙;长条状的颗粒也是珊瑚骨骼,是枝状珊瑚骨骼的组成部分,上面有一些原生孔隙和溶蚀孔隙;网状的沙粒是钙质藻类……"

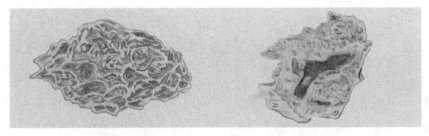

纺锤状颗粒　　　　　　　　块状颗粒

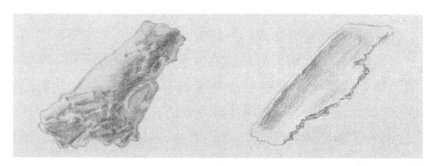

枝状颗粒　　　　　　　　　　片状颗粒

"我有点喜欢它们了。可惜,它们实在太小,像这样就看不到它们的形状了。"霍普用手捏了一点沙子放到手心里,晃动着手掌说。

"是啊! 其实没有显微镜,认真去观察,也可以发现形状各异的珊瑚砂,只是色彩比较单调。"妈妈说。

忽然,霍普仰起脸问:"妈妈,为什么珊瑚砂有这么多形状?"

"珊瑚砂归根结底都是海洋中生物的残骸,这些生物体本身形状和大小差异很大,形成砂以后大多保留了原生生物的特点。珊瑚砂中珊瑚碎屑的成分最多,这些珊瑚碎屑,有的来自千姿百态的珊瑚,有的来自珊瑚形成的珊瑚礁岩。破碎的珊瑚礁岩一般是棱角分明的块状、枝状、片状或纺锤状的,从珊瑚上分离出来的一般是珊瑚断枝和碎块,这些一般来自拥有完整坚硬骨骼的造礁珊瑚。除了造礁珊瑚外,还有软珊瑚,它们没有坚硬的骨骼,但是体内有角质骨针,骨针的形态有纺锤状、棒槌状、十字形或放射形,大小不一,这些形态各异的软珊瑚的骨针也是珊瑚砂的一部分。大海中绿色的、红色的、褐色的海藻,其中许多种类外面包覆着碳酸钙骨架,当这些形形色色的藻类死亡或者它们坚硬的外壳破裂的时候,会形成大小不一的砂砾。另外,软体动物、棘皮动物的外壳、海绵,还有一些有孔虫等生物的遗骸,都是珊瑚砂的组成部分。"

  妈妈拿起一粒长长的珊瑚骨,手指轻轻一掰,珊瑚骨断成了两节。

  "它们的骨骼都这么脆弱吗?"霍普拿起一颗大的珊瑚砾学着妈妈的样子掰起来,好几次用力但却仅有一点点粉粒掉落。

  妈妈微笑着说:"珊瑚砂特殊的发育环境、结构使得它们疏松多孔,而珊瑚砂的化学成分是碳酸钙,主要的矿物成分是文石和高镁方解石,这两种矿物的莫氏硬度只有三到四,所以受外力作用时珊瑚砂砾容易破碎,棱角尖锐的片状、纺锤状的珊瑚砂砾更容易碎掉。寻常海滩的石英砂石主要矿物是石英,莫氏硬度达到七,它们的结构比较致密,没有孔隙,磨圆度好,平整光滑,形状也规则;而珊瑚砂多孔的特性使得它比一般的石英砂密度小,质量轻,还容易破碎,再加上珊瑚砂的奇形怪状,倒是给工程师和设计师们造成了不少困扰。"

  听着有些生涩的科学词汇,霍普的心头是有些迷茫的,但并不排斥,甚至有一种难以名状的求知欲在心底慢慢滋生。

第三章

珊瑚世界

新的一天天气晴好，霍普早早起床，满心期待着今天的新活动——潜水。她从小就会游泳，但同大海如此亲密的接触还是第一次。

母女两个手牵手来到海边，不多时，便看到一个高高壮壮的青年冲她们挥手，妈妈挥手回应他。

三人聚到了一起，妈妈向霍普介绍说："霍普，这位是高洋，是妈妈的工作伙伴，他是我们今天的潜水教练哦。"

"高叔叔好！"霍普礼貌地打招呼。

"嗨！霍普，你好！喜欢大海吗？"

"当然喜欢！我喜欢珊瑚岛，喜欢珊瑚岛的海！对了，珊瑚岛的海是不是叫珊瑚海？"说着，霍普抬头看向妈妈。

"地球上还真有一处海域叫作珊瑚海，位于太平洋的西南部，是世界上最大、最深的海，世界上最大的珊瑚礁群——澳大利亚大堡礁就分布在珊瑚海区域，1942年那里还发生了著名的珊瑚海海战。"

霍普听得入神，这时高洋说："走，我们去欣赏一下我们的'珊瑚海'！装备都已经准备好了，不过，想要看到海里最美的景色，还要坐一段时间的船。哎！船在等着了。"

霍普和妈妈也注意到不远处小码头上有一艘白色的中型快艇停泊在那里，有节奏地随着海浪起起伏伏。

他们登上快艇，向着深蓝色的海域进发。

霍普站在甲板上，任凭海风吹乱了她的头发。浪花晶莹剔透，海水与湛蓝的天空融为一体，甚是壮观。海鸥们在船后翻涌的尾浪上空盘旋，捕捉浪花中被刺激而蹿出海面的鱼类，时而发出高亢的叫声。

忽然，霍普一把抓住妈妈的手臂，"小鸟！有小鸟！"

妈妈顺着霍普手指的方向去看，只见泛起的浪花上有一个黑点掠过，眨眼间又消失在海中……

这时，不远处四五只小鸟蹿出海面，一只海鸥俯冲追逐，它们又蹿入了海里。

"是飞鱼!"妈妈此时也惊喜地喊叫出声。

"飞鱼?"霍普扭头看向妈妈。

妈妈牵着霍普到甲板左侧，左舷涌出的浪花像沸水一样，一群精灵蹿出了海面，这一次，霍普清楚地看见它们张开的翅膀，细长的身躯两侧长着蝴蝶一样的翅膀，它们通体是蓝色的，跟大海的颜色一样，在空中滑翔过一道弧线，钻入水中。海鸥们利箭般飞来，海面上顿时更加热闹了。

"哇! 真的是飞鱼! 会飞的鱼! 有翅膀的鱼!"霍普非常兴奋，她觉得生命的进程真是太令人匪夷所思了。

大海上的飞鱼与捕食的海鸥

船离岛越来越远,海水越来越深,海水的色彩由茵茵的绿色渐渐变成淡蓝、湖蓝、翠蓝、深蓝,岛上泛着银光的沙堤渐渐隐没在蓝色的海水里,霍普感觉珊瑚岛像漂浮在海面上一样,在广袤的海面上越来越小,直到那一片洁白的沙丘消失在湛蓝的海面上,霍普才依依不舍地跟着妈妈进了船舱。

霍普靠近高洋身边,问:"高叔叔,我们要到哪里才停下呢?"

"我们到珊瑚礁群落最丰富的地方去,大约离海岸二十公里的样子,那里有许多的水下珊瑚群,生物种类非常丰富,你可以看到各种漂亮的鱼儿、水母,说不定还能看到美丽的海豚。"

这时妈妈说:"'深海女王'西尔维娅·厄尔有一句名言,没有穿戴过面罩和脚蹼潜下大海,人们就不会意识到,每一滴的海水里都充满生命。"

"我都有点迫不及待了!"霍普闪着明亮的大眼睛,充满着向往。

高洋笑了起来:"在广袤的大海中潜水是种冒险的刺激,是非常需要勇气的哦!"

"我不怕! 我是我们学校游泳比赛的冠军呢!"霍普骄傲地看向妈妈。

妈妈微笑着抚摸霍普的头,心中既有女儿初长成的自豪,又有没能在她身边陪伴的愧疚和遗憾。

不知过了多久,霍普感觉到快艇停了下来。

他们来到甲板上,霍普看到圆球状的面罩,跟摩托车的头盔差不多的模样,只是这个面罩整个是透明的,看上去也轻得多。

高洋走过来语气有些严肃地说:"潜水时身体会因为承受海水的压力出现反应,尤其是耳朵和鼻子,因此,入水前我先说一下潜水的注意事项,并且需要针对一些动作做一下培训。"

听了他的话,霍普心中忽然有些紧张了起来,一直到下水之前,她的心还是绷得紧紧的，就像一支即将离弦的箭矢，因为大海真的太大太深了。

　　然而，当悬身于剔透的大海之中时，那一点点不安消失不见，取而代之的是惊奇和欣喜。妈妈和高洋叔叔一人牵着她的一只手，她只管欣赏大海里的无限风光了。

　　大海里异常热闹，能清晰地听到鱼儿穿梭的声音。脚底下一群群黄色的小鱼，会变换色彩的大鱼，一丛丛五光十色的花树、遍地开放的花朵，还有伏在海底珊瑚礁上的绿壳海龟……还在自由自在游玩的鱼儿感觉头顶晃动的黑影，立刻惊吓地四下逃窜开来，惹得霍普情不自禁地惊呼起来。

　　"哇！好美啊！真是太棒了！"霍普惊呼出声。

海底休息的绿海龟

　　"我一年潜水好多次，但是每次下到精彩纷呈的海底世界，她都会带给我不一样的震撼和惊喜。"耳边传来高洋的说话声,为了交流方便,他特意准备了水下使用的通信设备。

妈妈松开霍普,举起潜水相机,将她们与海底美轮美奂的景色定格在一起。

不远处,是成片成片的珊瑚丛。形状各异、五颜六色的珊瑚在清澈透底的海水中伸展、摇曳,成群的珊瑚鱼自由地游动,在柔和的光晕下更加静谧、和谐。在横七竖八、绵延不绝的海草、珊瑚、海藻中,一丛丛猩红的柳珊瑚在海底轻歌曼舞……

霍普屏住呼吸,好似被眼前的景象惊得透不过气来。然而,尚未见过如此绚烂而又瑰丽的珊瑚世界的她还以为是跟陆地上一样盛开的花束。

"妈妈,你看,太阳花!原来大海里也有这么多花草、树木。"霍普手指着一块大礁石后面一丛金黄色的"花束"说。

"这些不是花草也不是树木,只是跟花草树木长相相似的珊瑚!那丛是太阳花珊瑚,那些黄色的小小的'花瓣'是珊瑚虫们的触手,用来捕食食物的"妈妈解释说。

"天啊!怪不得人们常以为珊瑚是植物呢!"

"是啊!你看那株红色的柳珊瑚,跟陆地上植物的形状有什么区别呢!"妈妈对大自然的鬼斧神工感叹地说。

"这真是那些小小的珊瑚虫们的功劳吗?真让人不敢相信!"

这时,高洋说:"这就是团结的力量,一只珊瑚虫的力量可能微不足道,但是千千万万只珊瑚虫的力量就不可估量了,再加上它们千万年甚至数亿年坚持不懈地努力,构造出它们美丽的家园也无可厚非。"

霍普感触颇深,珊瑚虫尚且如此,身处食物链顶端的人类何尝不是呢。

鹿角珊瑚丛和在丛中游弋的鱼群

生长在珊瑚礁上的红色柳珊瑚

生长在一起的脑珊瑚、海扇等

忽然，两条蓝色的大鱼急匆匆地冲了过来，它们前面红白相间的小鱼落荒逃窜，"哧溜"钻进珊瑚礁洞里去了。蓝鱼在洞口徘徊了一会儿，最终掉头离开。

这时，一颗表面布满深深沟壑的巨大怪球吸引了霍普和妈妈的目光。

"这是脑珊瑚，这么大而且又规则的脑珊瑚，我也是第一次见。"

"这就是沙滩上发现的那块脑珊瑚石原来的样子吗？原来活的脑珊瑚是这个样子，真是太壮观了！"

"这类珊瑚是由一排排的珊瑚虫的触手整齐地排列在珊瑚虫的两侧，口长在底部，形如凹槽。珊瑚的圆形构造有助于它们承受海浪的冲击。"

"可是，为什么沙滩上的珊瑚砂都是白色的，而海里的珊瑚有这么多色彩？看得我眼睛都要花了。"

"珊瑚虫的体内常有一种叫作虫黄藻的共生藻类，珊瑚虫为藻类提供生存的空间，虫黄藻则进行光合作用提供珊瑚虫所需的养分。虫黄藻具有不同的色素，它们附着在不同种类的珊瑚体中，珊瑚便呈现不同的颜色。珊瑚石是珊瑚虫分泌的碳酸钙骨骼,碳酸钙骨骼原本是白色,珊瑚生病或是失去生命之后,虫黄藻便不再留在珊瑚体内,骨骼原本的白色就会呈现出来,这也是我们在沙滩上看到的珊瑚砂是白茫茫一片的原因。"

　　"颜色丰富艳丽的一般是软珊瑚,也就是非造礁珊瑚,这类珊瑚不会形成坚硬的碳酸钙骨骼,是海底花园中盛开千年不败的花朵;而另一类珊瑚是造礁珊瑚,也称造礁石珊瑚,颜色没有软珊瑚鲜艳,礁岩、海岛、沙滩都是造礁石珊瑚的功劳。"

看起来肉肉的软珊瑚(广西大学珊瑚礁研究中心王文欢提供和鉴定)

　　霍普眼睛一直盯着眼前的美景,没有心思深究便点了点头,说:"高洋叔叔,我们去别处看看吧!"

　　高洋引领她们向大海的更深处游去,并提醒她们注意调节耳压平衡。一切都很顺利。

　　游到海底,霍普找到一个舒服的位置站立了起来。海水清澈透亮,炽热的阳光被摇曳成一缕缕亮白色的斑纹,从海面上飘落下来,覆盖在所有物体的表面,交织荡漾着。她大胆地松开高洋的手,跟面前游来游去的小鱼互相逗乐。

"霍普,你踩在珊瑚上了。"耳边传来妈妈温柔的声音。

霍普赶紧换了个位置,踩到柔软的珊瑚砂上,又回过头来去看自己刚才站立的位置,明明刚才看到是一块石头,怎么就成珊瑚了。

耳边传来高洋的笑声,大概是被这个可爱的小姑娘逗到了。

"你脚下的那个是滨珊瑚。滨珊瑚是潜水时最常见又最容易被忽视的一类珊瑚。就像这个,看起来就像海中的岩石一样。"高洋说。

"它们长得太没特点了。"霍普似乎在说将那珊瑚看成石头不能怪她。

"滨珊瑚的群体以块状居多,虽也有一些叶状、树枝状的群体,但比起珊瑚礁里的鹿角珊瑚、石芝珊瑚和蔷薇珊瑚,滨珊瑚真算不上有特色。真要说特色的地方,就是有几种滨珊瑚的群体可以长到特别大。日本德岛县的浅海里,就有种澄黄滨珊瑚长到了九米高,底部周长约三十一米,号称'千年珊瑚'"。

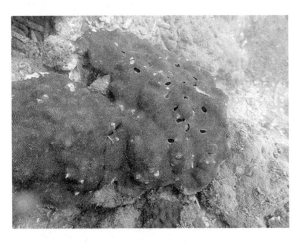

滨珊瑚(由广西大学珊瑚礁研究中心王文欢提供和鉴定)

忽然,霍普发现那片草丛里面好像躲着什么。"是一条鱼!"霍普惊喜地叫出声。这条鱼整个基调是橘红色的,身上有三条银白色的环带,额头微尖,眼睛长在额下的两边,像黑色的水晶,闪闪发光;下巴有点儿长,尖尖的,嘴巴翘着厚厚的下嘴唇,像娇羞的小姑娘一样,躲在'草丛'里瞅着远方来得客人。

"是小丑鱼!"这时妈妈也看清了那条鱼。

"小丑鱼? Clown fish? 美国电影《海底总动员》中的主角'Nemo'吗?"

"是的! 它总是喜欢藏在海葵里,它们是互利共生的共栖关系。海葵还是珊瑚的近亲呢。"

海葵与居住在里面的小丑鱼

"海葵? 妈妈,那边那些也是海葵吗?"霍普手指着海底盛开的几朵大花,深绿的、褐黄的,花冠犹如塑料泡泡,花盘的色泽很鲜艳,随着海流飘荡。

"好像是海葵,我也说不准……如果是珊瑚,也是软珊瑚,不能造礁的珊瑚。"

"珊瑚太美了,也太多了,我没有办法将它们都记住。"

"你可以先记住让你印象最深刻的,然后回去查阅一下。"妈妈微笑着说。

刺孔珊瑚

蜂巢珊瑚

角孔珊瑚

陀螺珊瑚

（以上 4 幅珊瑚图片由广西大学珊瑚礁研究中心王文欢提供和鉴定）

第四章
吃珊瑚的鱼

忽然，霍普发现有一条很漂亮，通体是蓝色的，尾巴根部呈黄色，嘴巴是白的，牙齿似乎很锋利的鱼，正在珊瑚上用力地啃来啃去。她一下子紧张起来，愣着神用手指着那条鱼，感觉耳畔似乎能听见"咔咔——咔咔——"的阵阵声响。

"好大的鱼！它在做什么?!"

听到霍普的惊呼，高洋顺着她手指的方向看了过去。对于经常探望海底的高洋来说，这一幕太平常了。

"是鹦鹉鱼，还是条漂亮的蓝鹦鹉鱼，这家伙在吃珊瑚呢！"高洋边说，边表示没有危险，安慰霍普不用紧张。

"你真幸运，霍普。"妈妈微笑着说。

霍普眨着大眼睛，略感疑惑，想了好一会儿还是没有弄明白妈妈说的"幸运"是什么意思。

端详了一会儿那鱼，霍普问："为什么叫它鹦鹉鱼？它长得一点都不像鹦鹉。"

"鹦鹉鱼，又称鹦嘴鱼，它们有合不拢的嘴形和彩虹般的体色，跟鹦鹉的喙和体色非常相似。"高洋说。

"它为什么要吃珊瑚？看它吃珊瑚的样子，是把珊瑚的骨骼都吃了，这么硬的石头，它的牙齿能咬动?"说着，霍普动了动自己的牙齿。

看着她可爱的样子，妈妈笑着说："多数鹦鹉鱼的上下颌齿愈合成一排齿板，两排齿板固于颌骨上，质地十分坚硬，表面还有凹凸不平的突起，是鹦鹉鱼们啃食食物的利器。它们主要以珊瑚及附生的藻类为食，偶尔也在沙石中取食。它们常常成群结队巡游于珊瑚礁之间，刮食珊瑚上的藻类，或者直接将珊瑚整个咬断吞下，然后用牙齿将珊瑚磨碎，吸收其中的营养物质。"

"真是一群奇怪的鱼！"

"霍普，还记得珊瑚砂的秘密吗？这个秘密的关键，就是鹦鹉鱼！"

一只漂亮的鹦鹉鱼正在大口地吃珊瑚

"关键是鹦鹉鱼?"

"是的,你想一下,鹦鹉鱼吃了珊瑚之后,珊瑚去哪里了呢?"

"妈妈不是说被吸收了吗?"霍普困惑地说。

"鹦鹉鱼吸收的都是身体可利用的成分,那些不能消化的钙质颗粒会被排泄出体外,然后大的珊瑚块变成小的珊瑚砂砾,而这些砂砾就是白沙滩的主要成分。"

"妈妈,你的意思不会是要告诉我在珊瑚岛上我们踩的沙子都是鹦鹉鱼排出来的粪便吧?"霍普满脸惊奇,不可置信地看着妈妈。

妈妈忍不住笑了起来。"是啊,我们就是踩在了鱼的粪便上啊!这个秘密是不是很有意思?"

霍普脱口说道:"妈妈,你说的不是真的吧?"

"当然是真的! 这个秘密妈妈也是无意间知道的,而且查阅过许多资料，许多科学家也已经证实，鹦鹉鱼的粪便能占到珊瑚砂总量的百分之八十左右，一条鹦鹉鱼每年可排出约二百至三百公斤洁白的珊瑚砂，而一些大型的鹦鹉鱼，比如隆头鹦哥鱼一年甚至可以生产近千公斤的珊瑚砂。这些沙子在风浪作用下堆积成沙丘，甚至成岛。现在去任何网站上搜索'鹦鹉鱼'，应该都会有介绍鹦鹉鱼喜欢吃珊瑚排沙子这个嗜好了。"

好似听到他们的对话，那只鹦鹉鱼忽然转过头朝向霍普，不一会儿它又转过去继续"咔哧、咔哧"地啃起了珊瑚，似乎并不在意这些人的品头论足。

隆头鹦哥鱼

虽然对妈妈说的那些数字并没有概念，但霍普却明白了她甚是喜爱的白色沙子几乎都是鹦鹉鱼排出的粪便。她想到了在沙滩上滚来滚去满嘴是沙的小朋友……感觉整个人都不好了。

"妈妈,世界上所有的海滩都是这么形成的? 难道城市里黄色的海滩也是这样来的吗?"

"当然不是! 你知道寻常沙滩的沙子是岩石经过风化、腐蚀、崩解等地质作用后形成的碎屑,再经过河流的搬运作用汇入大海,其中最耐磨和不易溶解的颗粒就是石英颗粒,它们汇集在海中,被海浪、风暴等冲回岸边形成沙滩,这些砂砾也因此被打磨的光滑平整。石英颗粒一般是无色、白色或黄色,因而普通沙滩看上去是一片黄色,如果白色石英越多,沙滩越白。如果岩石中含有锰、铁类的元素较多,形成的沙滩就会呈现橄榄绿或赤红色。如果是火山喷发的火山岩形成的岛屿,周边一般会形成黑色的沙滩。"

"黄色沙滩是岩石的地质作用,珊瑚沙滩是鹦鹉鱼的粪便?"霍普一边轻声地嘀咕,一边理解妈妈的话。

"是的。我再给你解释一下,珊瑚礁虽然多分布在赤道附近的热带区域,但是气候并不像沙漠地区干燥,反而湿润多雨,不存在足以让岩石变成碎屑的风化作用;而且你有没有发现,来到珊瑚岛上,我们需要乘坐很久的船,像这样孤悬在大海上的岛屿,并没有大型的河流、山川,因此不会有其他岩石的碎屑砂砾输入到岛上,几乎所有的沙子都来自生物作用,主要归因于鹦鹉鱼,是它们用粪便建造了珊瑚岛屿上迷人的白沙滩。大多数沙子没有经过长途的搬运作用和风浪的打磨,所以能够保留原来的形态。"

"那海浪呢? 海浪的作用不会将珊瑚分解成砂?"高洋也提出了自己的疑惑。

"海浪当然是有这个能力的,海浪将珊瑚礁一块块打落、粉碎混进沙子当中,但是形成的珊瑚砂也仅仅占很小的部分,而且一般是粒径较大的珊瑚砂砾。"

"鹦鹉鱼吃掉珊瑚可以形成白沙滩,它们不会对珊瑚礁造成伤害吗?"霍普看着吃珊瑚的鱼担忧地问。

"鹦鹉鱼虽然啃食珊瑚,但是主要的目标是覆盖在珊瑚表面的海藻,海藻会抑制珊瑚体内虫黄藻的光合作用和珊瑚的呼吸,影响珊瑚的生长,鹦鹉鱼一边吃掉了珊瑚,一边又在保护着珊瑚,另外鹦鹉鱼啃食珊瑚有益于珊瑚的新老更替,来增加珊瑚的多样性。但是大自然总是维持着一种奇妙的平衡,如果鹦鹉鱼的数量过多,它们频繁的、过度的取食活动也会给珊瑚礁带来一定程度的伤害的。"

"好吧,不能多也不能少,是吧妈妈?"

"是的。这就是大自然的神奇,一切都在它的掌控之中。"

霍普认可地点了点头。

"鹦鹉鱼有一个外号叫'瞌睡虫',它们夜间会藏匿在珊瑚礁石的隐蔽处或者珊瑚缝隙中休息,它们把'好好睡觉'这件事看得很重,睡得很沉,睡着后即使被潜水员拿在手中把玩也浑然不知。"

"它们真可怜,睡觉的时候被自己的敌人盯上了吃掉也不知道。"

"它们睡觉时会从口中分泌出黏液,利用鱼鳍织成一层透明的膜将全身包裹住,如同'睡衣'一样。睡醒后,它们还会把'睡衣'收回口中。科学家推测它们这样做就是为了防止睡觉时睡得太沉,被敌人嗅到自己的气味而发生危险。"

"为什么鹦鹉鱼总是做这么恶心的事。"霍普皱着眉头郁闷地说。

"时间差不多了,我们得返回船上了。"高洋的声音打断了她们的思绪。

霍普意犹未尽,最后同鹦鹉鱼来了一张合影之后便恋恋不舍地离开了。

高洋把她们送回到岛上,临走的时候,他送给霍普一个透明的玻璃瓶,里面装了一半海水一半沙子。

"你是个勇敢的孩子,是我见过的最勇敢的女孩。记得今天的海

正在睡觉的鹦鹉鱼，周围是它吐出的"睡衣"

底冒险，什么时候想念大海了，就嗅一嗅海水的味道。"

霍普拿过瓶子嗅了嗅，又舔了舔："为什么海水的气味有点腥，味道又苦又咸?"

"这只是你的感觉，对于大海里的生物来说，它可是又香又甜呢!"高洋微微一笑，仿佛这个秘密只有他和大海知道。

第五章

大海里漂流的星星

天色黯淡下来,太阳沉入大海,只剩下了半边火红的脸。

回到岛上,霍普的脑海中仍然萦绕着海底绚烂的珊瑚景色,安静地坐在桌前,她将自己的所见、所闻、所思、所感都记在了日记本上:

"珊瑚岛真是神奇的所在,这里有美丽的白沙滩,沙滩上全是白色的珊瑚砂,妈妈说它们是鹦鹉鱼的粪便,我真是不敢相信!岛上有很多漂亮的贝壳,我可以带回去一些,分给学校里的同学,他们一定会喜欢的。大海里的珊瑚世界,我该用怎样的语言描述它呢,那里实在是太美了!那些色彩,大概连世界上最优秀的画师都不能一一描绘出来吧。我想,妈妈的工作……一定是很伟大的事业。"

珊瑚沙滩上美丽的日落

上岛之前,今年十二岁的霍普已经整整一年没有见到妈妈了,每次想妈妈的时候,她就折一只千纸鹤,现在她的房间里已经挂满了千纸鹤。

晚饭过后,霍普和妈妈来到海边的瞭望塔上。白色的瞭望塔可以三百六十度环顾大海,饱览大海的景致。

此时天空中挂起一轮皎洁的圆月,整个珊瑚岛仿佛披了一层银色的纱,在月光下熠熠生辉。海风徐徐,吹在身上让人舒服得很,沙滩上的人也比白天多了起来。

"妈妈,今晚的月亮好美呀!"霍普感叹地说,"这是我长这么大,见过的最大的、最圆的、最美的月亮了。"

妈妈此时也被眼前的美景吸引了。

忽然,海面上传来嘹亮的鸟叫声,几只白色的海鸟在辽阔的海面上空盘旋。它们飞得很高,月光下看不清楚是什么类型的鸟。

不一会儿,一拨又一拨地海鸟出现在海面上,朦胧的大海上顿时热闹非凡。

"妈妈,为什么会有这么多鸟,它们在做什么?"霍普来到岛上之后还没有见过这么多鸟,更何况是在夜晚。

妈妈也非常奇怪,因为这座岛上人相对较多,平时也未曾见到几只鸟,现在更不是候鸟迁徙的季节,而且海鸟一般不会在夜间飞行或者觅食,这匆匆而来的海鸟,是为了什么?

"你们好——"穿白色 T 恤衫的小男孩向她们打招呼。他旁边一位高高胖胖、头发花白的老者,穿着蓝色的迷彩裤,白色的上衣,手中握着一个望远镜。

"你们好!"霍普热情地回应,伸出手指勾住了妈妈的手。

他们站到一起,小男孩热情地说:"我叫林清,这是我爷爷。很高兴认识你们。"

霍普也同他们做了自我介绍。原来,他们也发现了海面上异样的鸟群,才来到这里。

此时,远处的海面上已经涌浪翻滚,海鸟们都向海面俯冲,空气中飘出一股特殊的气味。

这时,高洋也来到了塔上,他气喘吁吁,显然是跑上来的。

"原来你们真在这里! 走! 快跟我去下面! 海里有大事发生!"话音刚落,高洋转身往塔下跑。

众人还未来得及询问,已看不见高洋的身影。霍普的妈妈邀请林清爷俩一同前去,一行四人便下了塔。

他们跟在高洋的身后,一直往塔下方走,原来瞭望塔可以延伸到海面以下。终于到达底部,他们发现四周都是厚厚的方形玻璃窗,一共有二十多扇。

"哇! 原来这里别有洞天呢!"林清吃惊地说。

高洋笑笑,默不作声,递给他们一人一个手电筒,只听"啪"的一声,灯光熄灭了,四周的海水里散入几束昏黄的光束。四下里一片寂静。

大海中,不断有粉红色的、橙红色的、白色的……点状物从珊瑚表面喷出,漂向海里,还有丝丝的白色带状物,乍看像蜘蛛网一般从珊瑚表面释放。顿时,海底如漫天繁星的星空,场面令人震撼。而此时,大海里竟比白天还要热闹。

"是珊瑚排卵! 我们遇到了珊瑚集体产卵的盛景啊!"一旁默默观

察的爷爷激动地说。

"我们遇到了千年难得的好景象!"高洋的脸上堆满了笑容,兴奋地说。

妈妈这才想起来了月圆之夜,说:"据说,珊瑚有在月圆夜前后集体产卵的习惯,之前在新闻中看到过有关琉球群岛、大堡礁的珊瑚大规模集体产卵的报道,很是震撼。没想到今夜居然碰上了。"

"是啊! 在同一地区的珊瑚,为了增加后代的成活率,会将产卵的时间集中在固定的几天,并在非常短的时间内,同时释放出卵子和精子。"爷爷的眼神中透着光彩。

霍普趴在窗户上,努力地向海中望去,她想起了去年冬天刮起的那场暴风雪,就是这个样子。

霍普一下子明白过来,那些小小的东西就是珊瑚卵! 她看到大大小小的鱼儿兴奋地到处乱窜,捕捉海里的珊瑚卵,它们顺着射入海里的光线游来,更有不害怕的小鱼,在霍普面前的玻璃上啄了几下,然后才悠然离去。

忽然,她想到什么一样,焦急地说:"哎呀,不好! 原来那些海鸟是冲着珊瑚卵去的,怪不得像赴什么盛宴一样焦急,珊瑚产下的卵都成了鱼儿和鸟儿的美味佳肴了。"

这时高洋笑呵呵地说:"这个不用担心,对于低等动物来说,它们有自己生存的智慧。珊瑚虫与鱼类、贝类、海胆、海参……的繁殖策略一样。一条鱼繁殖后代时可以排出上千上万甚至上亿颗卵,总有一些可以存活。"

"这是不是就叫以多取胜呢?"林清说。

一行人注视着海里的一举一动,生怕错过这场难得一见的盛景。

　　不知过了多久,高洋提议大家到塔上去看看。

　　回到瞭望塔上,林清的爷爷拿着望远镜向海面观望。海面上漂浮了很大面积的珊瑚卵,一时间,五颜六色,令人目不暇接。

鹿角珊瑚释放的粉红色的精卵团

第六章
龙宫刺猬与它的亲戚

霍普和妈妈来到岛屿上的游泳区。这是一片用浮标围起来的、数百平方米、布满珊瑚礁的浅水区。令她们意外的是，在这里又遇见了林清和他的爷爷。

两个孩子年龄相仿，很快便熟络起来。

穿着粉红色泳衣的霍普一到海里就如鱼得水般地游了起来，修长的身形灵动地在水里"泳"动。林清跟在霍普的身边，不时细心地照顾兴奋的霍普。

霍普游得累了，在水底找了一块较平坦的珊瑚石站了起来，碧绿的海水没过了她的大腿。突然，她看到不远处的珊瑚礁石上蠕动着一团团黑黑的、圆圆的东西，它们的背上戳着一根根长刺。

"林清，你瞧，那是什么？"霍普手指着那些东西所在的方向。

林清看了一会儿摇了摇头。

霍普转身朝着妈妈的方向大喊并向她招手。

妈妈快速地游过去，往霍普手指的方向看了看解释说："那是海胆，是一种棘皮动物。你看到它们的形状了吧！"

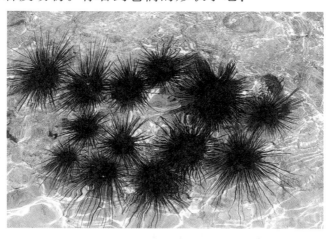

黑色的长棘海胆

　　这些海胆有七八只围在一起的,也有两三只相互守着的,还有二三十只一大片的,在波澜不惊的水底下,构成了很美的图案。

　　"妈妈,我想起来了,昨天餐桌上有海胆这道菜,揭开盖子,像是蒸了一个鸡蛋;原来,它有这么长的刺。"

　　"你总是对吃的记得清楚!不过昨天吃的可不是这种海胆,这种长棘海胆是有毒的,不能食用。"妈妈忍不住笑盈盈地说。

　　霍普吐了吐舌头,调皮的脸上充满了天真的笑容。

　　"海胆刺那么长,被刺到应该会很疼吧。"林清问。

　　"不仅是疼,海胆的刺有毒,它的毒液能麻醉或杀死小动物,对人也会造成生命危险。这是它们保护自己的方式。"霍普的妈妈解释说。

　　"没想到这么小的东西,杀伤力这么大。"林清说,"它们很像刺猬,但是刺猬的刺没有这么长。"

　　"海胆,有一个别名就叫海刺猬,它还被人们称为'龙宫刺猬'。"

　　"海胆吃什么?"霍普问。

　　"海胆摄食广泛:有的是肉食性的,会以海底的蠕虫、软体动物或其他棘皮动物为食粮;有的是草食性的,主要以藻类为食;还有一些以动物尸体为食的海胆。它们特别爱吃海带、裙带菜和浮游生物,也有的吃海草和泥沙。海胆的口器长在腹面的中央位置,由五颗起角的牙齿所围绕,而整个咀嚼的器官称为'亚里士多德提灯'。"

　　"亚里士多德提灯?这个名字真有意思!"林清的脸上洋溢着灿烂的笑容。

　　一直默默聆听的爷爷说话了:"如果我没有记错,亚里士多德有一本著作名叫《动物史》,里面有关于海胆详尽的描述,'亚里士多德提灯'也因此而来。"

　　妈妈信服地点了点头:"有趣的是,那些以藻类为食的海胆,在摄取珊瑚附近的藻类时会吃掉珊瑚,吸收营养物质后,不能消化的沙子会排出体外。"

"排出体外？海滩上白色的珊瑚砂是鹦鹉鱼的粪便,难道也有海胆的粪便吗?"霍普望向那白茫茫的沙滩,小声地说。

林清的爷爷看向妈妈,露出一抹赞赏的神情,然后继续说道:"是啊,珊瑚砂的来源堪称奇迹,说给其他人听,大概不会相信,但确是事实。除了鹦鹉鱼,那些细白砂也有其他生物的功劳,其中就有海胆。"

"是的,科学家已经证实这一点。一般情况下海胆排出的砂量仅仅是珊瑚礁砂总量中极少的一部分,远远不及鹦鹉鱼的排砂量,但是在海胆密度较大、产砂海胆种类较多的时候,海胆的排砂量能占到总砂量的百分之二十以上。"妈妈补充说。

"那我早上玩的沙子岂不是在玩……爷爷,你为什么不早点告诉我?"摊开自己的双手,林清郁闷地说。

老人微笑着说:"你现在不是也知道了。虽说大部分珊瑚砂是鹦鹉鱼、海胆啃食珊瑚后的排泄物,但是如此洁白的珊瑚砂终究是沙子,是很干净的。"

林清听了不以为然,手抚着胸口故作恶心状,逗得大家忍不住笑了起来。

"妈妈说,它们吃珊瑚,主要是吃附着在珊瑚表面的海藻,只是不小心啃掉了珊瑚。海藻被吃掉之后珊瑚虫的小宝宝们会有更加空旷的生长空间,珊瑚的生长就不会受到影响。它们还建造了美丽的沙滩,虽然……我们还是要保护它们,不能随便伤害它们。"霍普认真地说。

林清的爷爷笑起来,说:"你们平时爱吃的海胆是最普通的一类海胆,但是却是非常重要的一类以藻类为食的海胆,为了这美丽的珊瑚礁和沙滩,你们哪,以后还是少吃点为好啊。"

听了这话,霍普的脸微微一红,林清则不好意思地用手挠了挠自己的头发。

"如果海胆的数量不多,它们的取食行为是不会对珊瑚的生长造成威胁的。但是一般长棘海胆成片出现的时候,说明这片珊瑚礁生态系统可能出现了什么问题。"望着水中的那一团团黑黑的东西,霍普的妈妈担忧地说。

被长棘海胆破坏后的珊瑚

"是啊!这是给人类的一个警示啊!"老人也面露忧色。

"海胆对珊瑚礁有利又有弊,但是海胆的一个近亲却是珊瑚的'冷血杀手',是珊瑚的天敌。"

"海胆的亲戚……我知道了,是海参!"霍普大声说。

"嗯,霍普是个聪明的孩子。"林清的爷爷朝向霍普微笑地说,"海参是海胆近亲的一种,它们都属于棘皮动物,但是这个'杀手'并不是海参。"

海参与红海胆

"不是海参?"霍普和林清异口同声。

霍普有些不解,她看向妈妈。

看着两个孩子的表情,妈妈笑着说:"是的。海参主要以沉积的沙子为食,那些鹦鹉鱼排泄出来的沙子可都是它们的美食呢。它们通过消化沙中的微小生物,包括硅藻、原生动物、小型甲壳类以及海藻碎片等等,来获取营养。海参的消化道很长,约有体长的两倍多,但是管壁很薄,口腔、消化道内没有具有咀嚼功能的器官,因此它们吞食砂砾或者贝壳碎屑来帮助消化。白天,海参喜欢藏在石头中间,晚上则出动在珊瑚礁底部晃来晃去,它们的移动像吸尘器一样吸收经过区域的沙子,消化掉营养物质后,将干净的沙子排出体外。另外,海参还会将沙子粘到身上作为伪装,帮助它们躲避敌害。"

"天哪！大海里真是无奇不有啊！"霍普再次被这些低等生物的生存方式触动，她不敢想象那些坚硬的砂砾进入身体是什么样的感觉。

"海参，堪称是海底的'搬运工'，它们吃掉沙子，转眼又在另外一个地方排泄出来，别看海参的个头小，每小时每只海参可以吞六至八克的沙子，一年至少过滤五十至七十公斤的珊瑚砂。有些地区，每年通过海参搬运的砂量达五百至一千吨。珊瑚砂如此洁白干净，海参的功劳是少不了的。当然也并不是所有种类的海参都以沙子为食。"

老人非常赞同地点点头，说："所以，吃海参的时候可要好好清理，不然很容易吃到沙子。"

"现在，你们可以继续猜一下海胆的哪个亲戚是珊瑚的天敌，它们跟海参也是亲戚关系呢。"妈妈提醒他俩说。

"我猜是……海星！"林清想了一会儿说。

"不可能是海星！海星那么漂亮，怎么会伤害珊瑚呢！"霍普马上否定，一脸笃定的神情。

"霍普，世间万物都有不为人知的一面，我们不能仅仅通过表面现象判定一切。林清没有说错，但是也没有说对，你们见到的海星可能真的不是珊瑚的'杀手'。"

霍普和林清听了，都疑惑地看着妈妈。

这时，林清的爷爷开口了，说道："实际上，珊瑚的'杀手'是棘冠海星。棘冠海星是海星的一种，是一种有毒的棘皮动物。棘冠海星有十多支腕足，表面长满了刺，主要以珊瑚虫为食，人们都称它们为'魔鬼海星'。它们喜欢趴在珊瑚上，伸开身体，摊成一片，借助分布在腕下的半透明小足，把自己吸附在珊瑚礁表面，然后把胃翻倒出来，覆盖在珊瑚礁上，同时分泌出消化液渗透到珊瑚石灰质骨骼内，将珊瑚虫液化、吸收。海星走后，就只剩下珊瑚的白骨。"

"棘冠海星非常凶残，它们一吃就是一大片珊瑚，会给珊瑚礁造成极大的破坏，令许多生物无处安身。"妈妈叹息地说。

"棘冠海星真是太可恶了！如果被我遇见，我要将它们大卸八块，然后扔到海里喂鲨鱼，让它们不能在珊瑚礁里为祸。"林清气愤地说。

爷爷却说："你可小瞧了棘冠海星了！很早之前人们对付棘冠海星就是将它们抓到船上，然后大卸七、八块，顺手丢入海中。可是，没想到海星的再生能力非常强，每一块不久就又长成了一只完整的海星，情况变得更加糟糕。现在，对付它们的办法是在海中给它们注射有毒药物，它们才会死亡。"

大家沉默了一会儿。妈妈见天色渐晚，带着霍普告辞离开，霍普和林清约好第二天下午到海滩边散步。

回去的路上，霍普忍不住提到海星："棘冠海星这么可恶，为什么人们不能把它们全部消灭呢？"

"那是不可能的。而且，你要知道，在自然界里，任何一种生物都有它存在的理由。即使它对你来说似乎是不好的，也不能证明它们不应该存在。"

霍普皱了皱眉头："好吧，但是，就没有其他办法阻止棘冠海星吃掉珊瑚吗？"

"当然有的。自然万物相生相克，大海里有一种海螺，名叫法螺，它就是棘冠海星的克星，它的外壳有酷似'凤尾'的漂亮花纹，螺塔又高又尖，又称为凤尾螺。"

"凤尾螺？它这么厉害？"霍普有些怀疑，毕竟凤尾螺除了驮着的重重的壳，身躯都是软的。

"这就是大自然的智慧了。凤尾螺的数量本身稀少，又因人类的喜爱而被捕捉，棘冠海星才会猖獗。"

"看来被人类喜爱也不一定是一件好事。"霍普对那些凤尾螺表示深深地同情。

　　"人类已经认识到自己的错误，正在努力修护和维持与自然的和谐。"妈妈安慰霍普说。

　　霍普点了点头。

棘冠海星啃食造礁珊瑚，它们身后是累累白骨

挺着长刺正在向珊瑚爬的长棘海星

第七章
丑陋的海绵

第二天,霍普在海滩上见到了林清和他的爷爷。他们用沙子在沙滩上建筑了一座城堡,海浪涌来,城堡变成废墟,他们并不在意,很快又建造了一座新的别致的大楼。

"嗨——"霍普大喊一声,飞快地跑过去想要加入他们的行列,蹲下身来,刚要伸出手去掏沙子,却又止住了手。林清侧过头来,手上的动作没有停止,霍普看到他的额头上挂着几颗晶莹的汗珠。

忽然,林清用手指在霍普的脸上抹了一下。

"啊!林清,你做什么呢!看你干的好事!"霍普一边生气地指责林清,一边用手擦着脸,她可没有忘记这些"诱人"的沙子是从哪儿来的。

"真是不好意思呢!我看你脸上有脏东西,本来想帮你擦掉的,没想到……"林清愉快地笑着说。

看着他一脸坏笑的样子,霍普也不再顾虑那么多了,用手抓起一把沙子就要往林清的脸上抹。

林清机智地躲开了,并向霍普做了个鬼脸,向远处跑去。霍普追了过去,两个人你追我赶,欢快的笑声在沙滩上回荡起来。

忽然,霍普眼前一亮,发现一个黄色的东西在海面上晃动,颜色很鲜亮,被浪花抛远了又带回来。

霍普喊了林清过去。林清走到海里,把那个东西拿了上来,他们看清了它的形状。林清觉得它很像家里竖立在屋顶的烟囱,抱在怀里,比他的胳膊还要长,有五六十厘米高,口径比他的手掌还要大,足有十多厘米。它的表面还有褶皱,样子并不好看,但是捧在手里,却不感觉很重。

两人抱着"烟囱"看了好久也没琢磨出到底是什么东西。

林清拉起霍普,说:"走,去问问我爷爷吧。"

"爷爷,你看,这是什么东西呀?我们在海面上发现的。"林清将

黄色的管状海绵

"烟囱"竖立了起来。

　　老人接过林清手中的东西看了一下,然后端起来口朝下一倒,居然有水从里面哗哗流出来。

　　"这是珊瑚吗?"霍普疑惑地问。

　　老人摇摇头:"珊瑚不会长出海面。要是珊瑚,这么大的尺寸,一般人可搬不起来呦!来,你捏捏看。"

　　"有弹性呢!"霍普很惊讶。

　　林清也过来捏了一把:"还真是!"

"这是海绵,长成这样的,被称为管状海绵,因为长得像烟囱,又称为烟囱海绵。"

"这就是我们洗澡用的海绵吗?居然长成这个样子,海绵是生长在大海里的吗?"霍普好奇地追问。

林清的爷爷微笑着看向霍普,他真的太喜欢这个爱问问题的孩子了,说:"那是海绵的一种,至今已经发现的海绵约有一万多种。大多数的海绵是生活在海洋里的,但也有少数类型属于淡水海绵。日常生活中,我们见到的更多的是人造海绵。人造海绵形状规则,孔隙大小均匀,天然海绵则是不规则的,形状千姿百态,颜色也非常丰富,可以吸引其他生物,为它们提供食物。"

"这个海绵是活的吗?"林清问。

"这是死的,在海边不会出现活的海绵。"爷爷回答道,"你们来说,海绵是植物还是动物?"

"这东西——是植物吧,怎么会是动物呢!"林清说。

而霍普则默不作声,只是看了看那海绵,便盯着爷爷等待着他的答案。

林清的爷爷看着他们两个,意味深长地说:"它跟珊瑚一样,有人认为它是植物,然而科学家后来发现海绵是一种动物,是地球上最原始的多细胞动物。六亿年前就已经生活在海洋里了。"

"就像人的名字一样,有人的名字让人以为是男孩,然而后来却发现是个女孩。"霍普略作感慨地说。

爷爷笑了起来:"说到海绵,我倒是想起来,有一种穿贝海绵,喜欢在珊瑚的钙质骨骼、贝壳或者其他含钙的物体上钻孔。科学家证实,这类海绵对珊瑚砂,尤其是粒径大小在二十至一百微米之间的砂的形成有重要作用。"

"难不成海绵也会吃珊瑚排出珊瑚砂?"

"它们不吃珊瑚。海绵与珊瑚一样,不会移动,它们总是固定在某个地方,当它们选好安家的落脚点时,会溶解与之接触的钙质物并钻入其中,然后向四周扩展开来,珊瑚礁、贝壳就会被它们肢解成细小的碎屑,形成沙子。但是它们那样做并不是想从珊瑚中获取什么食物,而只是想找个地方生活,可能会不小心伤害到珊瑚礁和里面的居民。穿孔海绵形成的砂可以占到总砂量的百分之二至百分之三,沙滩上那些小到分不开的珊瑚砂,很可能就是海绵造成的。"

已经将珊瑚礁覆盖的橘色的穿孔海绵

老人从那个"大烟囱"上撕下一块,霍普和林清发现上面有好多小孔,还有大孔。

爷爷说:"海绵全身充满了孔隙,小孔用来吸水,通过水流不断把食物送入体内,经过代谢的废物由大孔通过水流排出来,海绵的一生都在不断地吸水和排水。"

霍普抓起那块海绵,轻轻一捏,海绵缩成了一团,泌出了水分,手指一松,海绵转眼又恢复了原来的形状,她觉得很有意思。

大肚子桶状海绵

　　霍普在漫天星光下回到小屋,妈妈已经等待多时了。听霍普讲了今天在海滩上发生的事,妈妈说道:"海绵是地球上结构最简单的多细胞动物,没有组织、器官和系统的分化,仅仅是一群细胞的松散组合,一生生活在海底。你们真是幸运,我都好久没有见到过海绵了。"

　　霍普躺在床上,眼睛盯着房顶,脑中回想着她潜水时的情景,喃喃地说:"为什么上次潜水的时候没有见到过海绵呢,真是太可惜了……"

　　她若有所思,慢慢地进入了梦乡。

第八章 填海传说

　　第二天,海上起了风,沙子被吹得在半空中飞舞,和昨天温柔的样子大不相同。她们接到通知,今天会有六级海风,建议她们不要外出。

　　霍普和妈妈站在窗前,窗外的椰树在大风中挣扎,有几棵已经歪斜,显然被岛上的"妖风"蹂躏了不止一次。

　　"霍普,你看,岛上的天气就是这样多变!"

　　"妈妈,昨晚我梦见大海了,给我讲一个大海的故事吧!"

　　"好吧……很久以前,有一位小女孩,她是太阳神'炎帝'的女儿,大家都叫她女娃,女娃聪明伶俐、活泼可爱。有一天,女娃去东海游玩,却被大海中的邪魔盯上。邪魔掀起狂风巨浪,将女娃淹死在了大海里。"

　　"那炎帝不能救回自己的女儿吗,他不是神吗?"

　　"炎帝用自己的光和热去救女娃,都不能使她起死回生,炎帝痛苦极了。女娃非常愤恨大海中的恶灵,她的灵魂化作了一只神鸟,名叫'精卫',它的头顶带着花纹、白嘴壳、红色的爪子,一身黑色的羽毛。"

　　"精卫飞走了吗?"

　　"精卫栖身于布满枳木林的发鸠山上,它天天从发鸠山衔起小石子,或者小树枝,展翅高飞,直至东海,把石子或树枝投下去。不管春夏秋冬,酷暑严寒,不管是赤日炎炎还是雨雪霏霏,精卫飞翔在波涛汹涌、浩瀚无垠的大海上空,投下颗颗碎石、根根断枝,她要把大海填平,这样邪魔就不能兴风作浪,危害人间了。"

　　"那精卫将大海填平了吗?"

　　"傻孩子,大海太大了,想要填平大海真的是太难了! 这只是一个传说。"

　　霍普的眼睛有些迷离,略带忧伤地说:"精卫真可怜!"

　　"精卫填海的故事给我们传承了一种不畏艰难险阻、持之以恒的精神。"

霍普点点头。

她们在窗前望着大海,一阵沉默。

"霍普,以前这片海域的很多岛并不是岛,只是出露海面的珊瑚礁,涨潮时露出海面的高度也仅仅一米多,潮水退下去才能露出珊瑚礁的形状。有时候遇到台风,能吹跑一大块,'岛'的形状也因此时常变化。"

"台风太可怕了!我在电视上看到过,台风去过的地方,很多小朋友都失去了家园,有的变成了孤儿,好可怜!"可能受天气的影响,霍普此时有点儿多愁善感。

妈妈望着善良的霍普,轻轻地抚摸她的头:"是啊,台风若来,便没有人能够阻挡它。有一次,台风袭击过之后,小岛一下矮了一大截,因为被刮走了厚厚的一层珊瑚砂,有一个小沙丘被刮得无影无踪,岛上房子的玻璃都被吹成了凹凸镜。"

"后来呢?"霍普很关心岛上居住的人的安危。

妈妈说:"所幸岛上的人早有对抗台风灾害的经验,没有造成人员伤亡。再后来,国家做了一件非常伟大的事情,现在岛上居住的人更不怕台风了。"

"伟大的事情?"

"国家在海上填海造岛,让许多原本没有露出水面的珊瑚礁变成了岛,这个举动甚至震惊了世界!"妈妈的语气略带自豪。

妈妈的话引起了霍普很大的兴趣:"哇!真的吗?为什么要填海造岛呀?"

妈妈考虑了一会儿,说:"说起来,填海造岛要考虑的因素太多了。国家主要想通过填海造岛建造更多先进的现代化设施来改善岛上居民的生活条件,就像我们日常居住的环境,让他们享受到医疗卫生、文化娱乐、交通设施……保障他们的生活。"

霍普不想纠结这些问题，她看向妈妈，问："那这些岛又是怎么填起来的呢？"她实在想不到有什么东西这么厉害，做了精卫鸟没能做到的事情。

妈妈牵着霍普坐到床上，说："我们一起来学习一下吧，看看这岛是怎么填成的。"

妈妈一边说，一边用手指在键盘上快速地敲击，她打开了电脑上的一个视频，视频停留在一堆沙石从一艘大船上喷射出来抛向大海的画面上，妈妈手指着屏幕上的船说："霍普，你看，我们国家填海造岛就是靠这艘船。"

她点开视频，伴随着画面的播放传出配音："我国填海造岛，是用了世界上仅有的三艘'造岛神器'之一——自航式绞吸挖泥船'天鲸号'。这艘外形看上去很奇特的庞然大物可以直接从海底挖沙、碎石以及岩石运送到其他地方，然后用一种被称为是'吹沙造地'的方法，也就是说用沙袋围住要填的地方，在附近寻找合适的浅滩、礁盘，将其中含有沙石的海水喷入区域当中，海水流走之后，沙、石自然沉积在了要填的区域中。反复进行这样的操作就达到了填海的目的。'天鲸号'每个小时可以挖沙石四千五百立方米，以此计算仅需几天就可以让一个足球场面积那么大的地方高出海面。"

看着来自视频的介绍，听着这铿锵有力的声音，霍普心潮澎湃，自豪感油然而生。

"以前，历史上也出现过填海造岛的情况，那时候人们就跟精卫鸟一样，从其他地方运来土石，然后抛进海里；但是山高水远，这种传统的填岛方法不仅成本非常高，而且成岛的速度非常慢。"

霍普瞪大眼睛，聚精会神地听着妈妈说，她觉得这是件非常伟大又震撼的事情。

"天鲸号"绞吸挖泥船

"我们的国家这次填海没有从大陆派出货船,运载沙土石料,也没有人扛肩推地运输沙石,而是就地取材,从海里挖出珊瑚沙石再填入海里。岛礁的周围珊瑚砂、珊瑚礁石资源非常丰富,隐藏在海面以下的是绵延数万平方公里的珊瑚暗礁礁盘,有些礁盘的表面、周围,或是潟湖里,都有一层厚厚的珊瑚砂层。"

"我们的祖国真的太厉害、太伟大了!"

妈妈只是微笑着点点头,但是霍普还是在妈妈的眼中读到了"骄傲"。

"但是……用这样的方式填海造岛,挖掉了那么多珊瑚礁,这里的珊瑚礁不是被破坏了吗?那些生活在珊瑚礁里的生命不就受到威胁了吗?"霍普是个细心的孩子,她很快想到了这一点,担忧地问妈妈。

"国家利用了自然提供的天然优势,但是在利用自然的同时,也在努力减少对自然的伤害,维护与自然的和谐。这片海域数万平方公里的暗礁,我们只用不超过一百平方公里来造岛。填海造岛模仿了自然造岛。'吹沙造地'的方法,模仿了海洋中风浪吹移,搬运珊瑚礁、砂的过程,这样就达到岛屿自然生长、成熟并逐渐进化为海上绿洲的效果。"

霍普听得似懂非懂,眉头皱得紧巴巴的,似乎并没有得到自己想要的答案。

这时,妈妈继续说:"天鲸号可以轻松绞烂海底的礁岩,不像普通的挖泥船需要炸礁或者砸礁,对周围环境的影响很小,吹填的整个过程也不会向海中排泄废物、废水,减少了对海洋的污染,更好地保护了海洋环境。而且,许多科学家人工培育珊瑚,种植在海底的礁石上,来保护珊瑚礁生态系统不受破坏,同时人工养殖珊瑚鱼、海螺、砗磲、海藻、海参等对珊瑚生长有益的海洋生物,帮助珊瑚更好地生长。虽然有些破坏是不可避免的,但是整个过程中对珊瑚礁生态环境的影响是可以控制的,并且是可以恢复的。"

霍普思索了一会儿,说:"如果我能快点儿长大就好了,就能像妈妈一样,保护美丽的珊瑚礁了。"

妈妈轻轻拨开霍普额前的碎发,微笑着说:"霍普已经是个大人了。"

第九章

五色土的故事

上午还狂风大作、阴云翻滚,下午便风平浪静、晴空万里。珊瑚岛的天气就像小孩子的脾气一样让人捉摸不透。

霍普在房间里闷了许久,正想着去海边吹吹风,恰好接到林清的电话,问他要不要去岛上的秘密基地。霍普愉快地答应了。

他们一行四人从海边出发,在林清爷爷的引领下来到了一个花园的入口。花园里很安静,空气中飘散着些许椰香,只是并没有多少泥土的气息。

很快,花园里弥漫起温润的茶香,两位大人悠闲地喝茶聊天。霍普和林清在一旁的草地上做游戏,他俩轮流把彩色的玻璃球藏起来,另一个人要在规定的时间里尽量把球都找到。两人玩得十分投入,满头大汗仍乐此不疲。

霍普妈妈的目光不时在花园里游荡。花园有几棵高大的椰树,还有几株草海桐、抗风桐、三角梅、九里香、散尾葵、山楂和野咖啡,草地上除去太阳花还零星地长着几簇野草,红红绿绿,虽然不比城市的花园,但是也别有一番风味。

老人看着两个玩着游戏的孩子,微笑着说:"岛上现在的植被丰富起来,空气都变清新了。"

霍普的妈妈随即说道:"现在岛上的变化真是日新月异,看着这么多花花草草,有些感慨。当年来这里考察时,到处都是白花花的一片,眼睛都睁不开,现在想起来都感觉眩晕。"

"是啊!岛上的绿化之路走得确实非常艰辛!吹填之前大多数都是寸草不生的珊瑚礁,现在岛上一片绿意盎然。岛上除了珊瑚砂没有其他土壤,珊瑚砂盐分高、养分少、盐碱度高,再加上这里恶劣的气候条件,不适合普通植物生长,真是难以想象当初'高脚屋'时期岛上的军民都是怎么度过的。"

说到这里,两人都沉默了一会儿,老人又说:"幸运的是,岛礁扩大成岛以后,为植物的生长创造了许多有利的条件,尤其是岛礁上淡水环境的形成,而表层的珊瑚砂土经过雨水的渗透淋洗,盐分减少了很多,植物的成活率增加了。这也多亏了独具匠心的科学家们,据说为了兼顾到植物生长对水的需求,他们指导填岛及后期工作时做了大量的科学研究,哪一层用什么沙填、填多少、填了之后压实到什么程度都有许多讲究。这些植物当初可是费了我不少的心血,虽不说茂盛,但也茁壮,看着它们,心中就高兴啊!"

这时,霍普跑过来,说"妈妈,我口渴了。"

妈妈给她递了一杯水,霍普捧着水杯喝起来,却一直盯着树上的椰子,眼睛一眨一眨的。

林清也跑了过来,调侃她说:"瞧你,霍普,杯子都要被你吃掉了。"

霍普的脸微微一红,不好意思地将杯子放下。

"要不要喝椰子汁?"林清狡黠地一笑。

"有卖的?"

"不用买,我们自己摘,我爷爷会摘。"

"真的啊!"

"那当然啦!"林清自豪地说。

"好!今天就请大家喝椰汁!"说完,林清的爷爷爽朗地笑起来。

林清的爷爷来到高大的椰树下,肩上扛了一把木梯,手里拿着一根绳子。他将木梯靠着树干,攀着梯子上去之后,用绳子将椰树和自己圈在一起,绳子挂在腰间,借着绳子轻轻松松上到树顶。

"哇!爷爷您好厉害!"霍普激动地在下面欢呼。

不一会儿,就看见几个椰子嗖嗖地从树上坠落。霍普赶忙跑过去检查椰子,发现竟然完好无损。

林清的爷爷下来后又利落地将椰壳外皮削好,砍开一小块内壳。

霍普和林清两人坐在一旁,满足地喝上了鲜美的椰汁。

　　两位小玩家继续他们的游戏,妈妈则同老人欣赏起花园的一草一木,讲述着它们"艰辛"的成长史。

　　这时,妈妈注意到花园的角落里有两排花架,有几朵黄色的小花探出头来,"那是——黄瓜?"

　　林清的爷爷顺着她的目光看过去,笑着说:"嗯,走,过去看看吧。"

　　走近了才发现,拐角过去绿油油的一片,辣椒、豆角、丝瓜、茄子、番茄,还有一小片韭菜和香葱。

珊瑚岛上收获的蔬菜(潍坊科技学院供稿)

　　"原来这里藏着这么多'硬菜'呢!"

　　霍普跑过来瞅了瞅,说:"妈妈,这都是普通的蔬菜,哪里是硬菜?"

　　妈妈笑盈盈地说:"岛上的人可真是不稀罕鸡鸭鱼肉,只有这些绿叶蔬菜人们称为硬菜。这些看起来普普通通的蔬菜可不简单呢,在岛上没有比蔬菜更加珍贵的食物。"

珊瑚岛上生长的冬瓜(潍坊科技学院供稿)

　　妈妈蹲下身来,用手捏了一把土,欣喜地问:"土壤都是珊瑚砂?"

　　"也不全是。这是珊瑚砂改良土,珊瑚砂土缺少营养,在里面加一些营养液,或者掺加大陆运来的营养土进行改造,就可以种植这些蔬菜了。"

　　"这真是一件令人高兴的事啊!"

　　"妈妈,这跟我们平时吃的蔬菜有什么不一样?"霍普实在想不明白有什么蔬菜会如此贵重。

　　"蔬菜是没什么不一样,但是你想象一下,如果你一两月甚至更久吃不上肉,你会有什么感觉呢?"

　　霍普微微一愣,没有说话。

　　"以前,蔬菜、水果只能靠补给船运送。岛礁距大陆遥远,补给船一般两个月到一次珊瑚岛。蔬菜从采购到运抵岛礁最少也要两周的时间,虽然有冷藏库储藏,但是绿叶菜经过这么长时间后基本都不能吃了。有时遇到大风浪,补给船不能按时到达,吃不上蔬菜也不是罕见的事。后来,有人就想在珊瑚岛礁上种菜……林爷爷,还是您来说说这里面的故事吧。"

营养土里结出的辣椒(潍坊科技学院供稿)

　　林清的爷爷说:"以前,这珊瑚岛礁跟沙漠、戈壁没什么两样。人们说,在珊瑚砂戈壁上种菜、种树,不亚于要石头开花结果。岛上除了珊瑚砂没有其他土壤,岛上的人想要自己种菜,却没有大陆一样肥沃的土壤。后来,驻守在岛上的战士们就在回家探亲时从自己的家乡背土过来。记得一个老司令讲过一个关于菜地的故事,有个战士探亲后回部队,列车员就是不让他上车,说只要他扔掉携带的一大袋散发着异味混合了大量鸡粪的土,就让他上车。但是战士却说,他可以把行李扔掉,就是不能扔掉那袋土,因为他们当时驻守的岛屿上没有土,要带土回去种菜。"

　　"那列车员让他上车了吗?"霍普关心地问。

　　"列车员听了他的话,连忙搬过战士肩上那袋沉甸甸的土运上了车。就这样,战士们从自己的家乡背来种菜的土,有青土、红土、黄土、白土、黑土。"

　　大家沉默了一会儿,都被战士们心底对祖国赤诚的热爱所感染。

　　老人接着说:"现在岛上的蔬菜生态园还保留着大陆运来的土壤。一开始,青红黄白黑五色土还都分开来;后来,渐渐混到了一起,蔬菜长得也特别好。后来,许多大陆的蔬菜种植技术都用上了,无土栽培、水培、温室大棚……再后来,有人偶然间发现,在离厕所墙根不远的地方长出了一株西瓜苗,哦,对了,当时岛礁建设时有不少公用的厕所……当时大家都以为这株西瓜苗活不久,没想到的是,这株瓜苗竟然长出了一颗西瓜,个头还不小。"

　　"他们一定是迫不及待把西瓜吃掉了。"林清说。

　　老人笑了笑说:"是啊,见到的人都垂涎欲滴。可惜啊,这西瓜并不甜。"

　　"为什么呀?"

　　"这株西瓜应该是因为养分不充足,只长了个。"妈妈解释说。

温室大棚里的蔬菜(潍坊科技学院供稿)

林清的爷爷继续说:"虽然如此,但是还是令人非常惊喜,这说明珊瑚砂里是可以长水果蔬菜的。后来,这株西瓜就成了重点保护对象。研究人员也开始了各种试验和研究,对珊瑚砂土进行改良,现在已逐渐满足蔬菜的种植要求了。"

妈妈轻轻地点了点头。

"珊瑚砂土本是弱碱性的,还被用作改良酸性土壤的材料,持续效果非常乐观。"

妈妈露出了灿烂的笑容,说:"珊瑚砂的作用还真是不少呢!"

第十章
奇妙的黏结作用

假日的生活丰富多彩,两个孩子经常在一起玩耍,而两位家长在一旁交谈,彼此颇为默契。

一天,他们相约一起坐游艇去附近的岛屿游玩。

清早,霍普和妈妈来到码头。

林清站在一艘小型游艇的甲板上朝他们挥着手。他穿着一件浅绿色上衣、黑色的运动裤,戴着墨镜,帅气极了。

他们进了船舱,向今天的船长——林清的爷爷问好。

游艇开了,在漫天朝霞中驶向大海。游艇的速度很快,到处激起雪白的浪花。林清和霍普兴奋地站立起来大声喊叫,引来船后海鸥的一阵高歌。

大约过了两个小时,游艇停了下来,林清的爷爷说:"我们非常幸运!今天的风浪不大,可以顺利地靠岸。一会儿,就可以看到岛礁上面的机场了。"

林清背起早早准备好的背包,率先一步从游艇上跳了下去,并转身回来帮助霍普下了游艇。

登上小岛,最显眼的依旧是一片细腻柔软的珊瑚沙滩,沙子筑成的高堤像城堡一样,与不远处绿色树林筑成的堡垒形成了鲜明的对比。

霍普发现这座岛上的沙滩既白又亮,更加耀眼了,妈妈告诉她是因为这片沙滩上除了珊瑚碎屑,贝壳碎屑也很多,许多贝壳有珍珠釉,海浪把贝壳打碎成了沙子。

霍普在沙滩上寻寻觅觅,发现有完整的贝壳便如获至宝般小心翼翼地收藏起来。

潮水退去,霍普的妈妈忽然向着海中走去,海水淹没了她的膝盖。

"妈妈,你在做什么呀?"霍普将手聚拢成喇叭朝着妈妈大喊,免得声音被海风吹散。

妈妈向他们做了个手势,示意让他们也过去。

她站立的位置的前方不远处,有几块大的礁石,表面在波浪的作用下变得十分平坦、光滑。礁石之间生长着一层藻类,将它们黏结在了一起。

他们来到霍普妈妈的身边,她用手指着那两块礁岩说:"你们看,这些分散的礁石被黏结起来了。"

"这是……珊瑚藻!"林清的爷爷兴奋地说:"这是难得一见的生物黏结啊!"

妈妈点了点头,并说:"看来您对海相沉积岩颇有研究呢。"

"机缘巧合在一场盛会上接触过,后来觉得很有兴趣,下了些功夫多了解了一下,并未做过多研究。"林清的爷爷谦虚地说。

"什么是珊瑚藻呀?难道它们长得跟珊瑚一样?"霍普眨了眨眼,明亮的眼睛中泛着光芒。

"珊瑚藻是一种皮壳状的钙质藻,又被称为钙化藻,常黏附在珊瑚和礁石的表面。它们和珊瑚非常相似,最初生物学家将珊瑚藻和珊瑚虫混为一谈,还将它们命名为'类珊瑚动物',珊瑚藻不仅有五颜六色的外表,它们的细胞也能够分泌钙质的骨骼,形成钙质鞘,包覆在细胞的外面,帮助建造和修补珊瑚礁。"

"钙质的骨骼?那珊瑚藻也会变成沙子呀!"霍普记起了妈妈的话。

"嗯,珊瑚藻死亡的时候,它们的骨骼会转化为沙子,成为珊瑚沙滩的一部分。"妈妈朝霍普点点头说,"这种生物黏结的礁石被称为'生物黏结岩',它告诉我们,珊瑚礁石的胶结不仅有化学胶结,也可以有生物胶结。"

"在我的印象中,珊瑚砂有自胶结的特点。"林清的爷爷一边说一边抬手示意他们往岸上走。

"是的,松散的珊瑚砂具有很强的后生作用,具有自胶结的特点,在大气和淡水的作用下颗粒间会产生自胶结作用。"

"妈妈,什么是胶结?"听着妈妈和爷爷的"科学"对话,霍普忍不住小心翼翼地问。

妈妈抚摸着霍普的头,微笑着说:"胶结是沉积的松散的砂砾、土壤变成坚硬的岩石的一种变化。一般松散的沉积物压在一起的过程中,受到温度、压力的作用,岩石的一些矿物慢慢溶解在水里,于是含有矿物的水溶液就渗入沉积物颗粒间的空隙中;当水分散失时,溶解在水溶液中的矿物会发生重结晶,松散的沉积物颗粒就会被结晶的晶体颗粒黏结在一起。不过,通常需要经过上百万年的压实和胶结才能把松散的沉积物变成坚硬的岩石。"

"沙子变成岩石?"霍普喃喃地说,"那我们用水泥把沙子、石块黏在一起也叫胶结吗?"霍普记起了住奶奶家时给家里养的小狗盖房子的事,当时水泥里面掺了碎石块,浇水搅拌一会儿,不久之后,水泥与碎石黏结在一起了。

"对。那是一种人工胶结,水泥充当了胶结物。只不过沙子变成岩石的过程非常漫长。"

这时,林清凑过来问:"那你们说的珊瑚砂自胶结又是什么?"

妈妈耐心地解释说:"一般岩石的形成需要经过高温、高压的作用,而松散的珊瑚砂砾只要有水,在常温、常压下本身就会发生胶结。科学家曾在直径六厘米的圆柱形有机玻璃管内随机装满珊瑚砂砾,模拟大气降雨条件下淡水入渗的过程,仅两个月的时间便发现砂砾之间出现胶结现象。大气降雨可以使珊瑚砂砾的碳酸钙溶解,溶解在水中的碳酸钙渗入到珊瑚砂砾之间,当周围环境的温度、压力,甚至海水浓度变化时,就会有碳酸钙在珊瑚砂砾表面重新析出结晶,松散的珊瑚砂砾自然胶结在一起形成了岩石。科学家们发现,这种胶结成岩的过程时间相对较短,有的地区仅观察了一年的时间就有胶结现象出现,十年的时间就胶结成岩石。"

"珊瑚砂的主要矿物成分是文石和高镁方解石,它们的化学成分都是碳酸钙,珊瑚砂中碳酸钙的溶解与重结晶既有矿物自身的溶解与再沉淀,也有矿物成分之间的转换。也就是说,珊瑚砂砾溶解的碳酸钙可能是文石,重结晶之后可能转化成方解石。"爷爷补充说。

"是的,方解石和文石是珊瑚砂砾主要的胶结物。这种胶结主要发生在浅层,几米至三十几米位置。在热带、亚热带地区干湿季交替的气候下,潮间带区域,高低潮转换过程中,海水中的碳酸钙会发生明显的溶解和重结晶过程,海滩上的砂层和混杂其中的生物碎屑就会被胶结黏在一起形成岩层。科学家们将这些岩石命名为海滩岩。"

忽然,林清想到什么,惊喜地说:"我知道了! 爷爷,珊瑚屋,原来是因为胶结呀!"

霍普原本对两个大人讨论的科学问题还未消化,又听到一个新鲜的字眼,脱口便问:"什么珊瑚屋呀? 珊瑚建的房子吗? 珊瑚也能建房子?"

林清调侃霍普说:"霍普,你是十万个为什么吗?"

霍普的脸微微涨红,回道说:"你是五十步笑百步!"

珊瑚墙

林清笑笑,他没有恶意,只是喜欢逗她。他望向大海,收敛了笑容,说:"我以前住在海边,我家的屋墙、围墙都是珊瑚石砌筑的,家乡的人把珊瑚石叫作'海石花',有的路也是用珊瑚石铺的,珊瑚石墙夹着珊瑚石路,珊瑚石路缀着珊瑚石屋……当时我们都感觉很神奇,因为用珊瑚石砌墙不需要黏合剂,遇到风雨或者浇些水就自然黏合在一起了,原来这叫胶结!"

林清转过头来,对着眼睛瞪得圆溜溜的霍普继续说:"珊瑚屋冬暖夏凉,对人的身体也可好了。"

霍普十分羡慕,并称赞地说:"你家乡的人真是太聪明了!"

93

　　林清的脸上露出自豪的神情,令人明显感受到了他内心的骄傲。他闭上眼睛,仿佛又看见了那座会呼吸的房子——珊瑚屋。林清开心地跑了起来,霍普跟了过去,林清又给她讲了许多有关海的传奇故事。

　　通往机场只有一条大道,两位家长放心地在他们身后踱步,相谈甚欢。

　　聊到机场,妈妈说:"岛上机场跑道的地基全部是珊瑚砂、珊瑚砾和珊瑚石,应该也是想利用珊瑚砂砾的这种奇妙的胶结作用来进行自然固化,这样在礁坪的地基就稳固多了。"

　　"是啊! 就地取材,物尽其用嘛。"林清的爷爷赞同道。

第十一章

藏在珊瑚砂里的水囊

海边距离机场并不算远,但是徒步的他们也花掉不少的时间。

机场跑道狭长而广阔,霍普和林清似乎到了专属于他们的游乐场。霍普张开双臂,像张开翅膀的小鸟,沿着细长的跑道奔跑起来,林清紧紧追随着霍普,不时小心地提醒。浪花一层层打在堤岸上,似乎想加入到这场欢声笑语中。

霍普跑得额头上满是细密的汗珠,打湿了额前的刘海。

两人玩得累了,停下来休息,林清从背包里取出一瓶矿泉水递给霍普。

"谢谢你,林清!"霍普露出明亮的笑容。

这下子林清反而有些不好意思了,他忽然又将一个苹果递到霍普的面前。

霍普高兴地说:"林清,你是个魔术师吗?"

霍普吃完苹果,想找到垃圾桶丢掉空矿泉水瓶和果核,可是她环顾四周,也未发现有一只垃圾桶的影子。

一旁的林清看到后马上掏出了一个塑料袋,三两口吃完自己的苹果,将果核丢了进去后,走到霍普身边对她说:"来,我们先把垃圾装到袋子里吧。"

霍普害羞地把垃圾放了进去,抬起头看向林清,明媚的眸子里满是笑意,感激地向他连连道谢。

两位家长注意到了这两个孩子的举动,心中都感觉非常欣慰。

妈妈温柔地说:"珊瑚岛上的环境保护非常重要",然后手指着机场跑道的边缘,"而且岛上的飞机场有个特殊的用途,你看到机场边缘的水沟了吗?它们是机场上收集雨水的渠道。"

"为什么要收集雨水?"在一旁的林清问。

"因为珊瑚岛上缺水,缺淡水。"

"缺淡水?就像中东国家吗?我们的地理课上学习过,都说在那些国家滴水贵如油。"霍普想起来了一些令她揪心的画面。

"是啊,这些国家主要位于沙漠地区,降雨量非常少,容易干旱,而河流的补给又不能满足他们的需要,淡水资源非常匮乏。而这些孤悬在大洋中的热带岛礁,有的面积非常小,不到十平方公里,或者岛的宽度不到三公里,岛上地表不积水,也没有溪流库塘地表水资源。幸运的是,岛上雨量丰富,雨水收集就成为岛上居民和军人维持日常生活的重要方式。工程师将飞机场设计成一个集雨场,落在跑道上的雨水,会全都汇入集水渠,然后流到岛上的水库里,帮助岛上生活的人们缓解用水问题。要是乱扔垃圾的话,不仅污染了岛上的环境,而且可能会堵塞水渠,雨水就会浪费掉。"

"那他们为什么不打水井呢?地下没有淡水吗?"

"以前,岛上也有打井取水,但人们发现不是时时都有井水。有的时候则完全抽不到水;有时候井中取出来的水又黄又黏,只适合浇灌菜地、草地和树木;有时抽出来水则是咸的,完全不能利用。那时他们辛辛苦苦收集的少量雨水只能用作洗漱用水,干净的饮用水要靠岛上定期到来的补给船只运送。有时遇到大风大浪的天气,补给船不能按时到来,或者遇到了干旱季节,岛上的人就会过得非常辛苦。"

"妈妈,我明白了!我们不能乱扔垃圾,我会监督其他人,告诉他们不能乱扔垃圾!"霍普听了妈妈的话,保证道。

"嗯,霍普是个懂事的孩子。雨水对这里生活的人们来说就是大自然的恩赐,我们不能让这份恩赐白白流失掉,对吧?"

"嗯!"霍普重重地点点头。

这时,林清快速地跑到跑道对面,从这头又跑到那头,然后跑了回来。

"阿姨,我也会监督其他人的!"林清的手里拿着两个塑料瓶。

"嗯,林清也很棒!"妈妈揉揉林清的头发。

"那我们在岛上捡垃圾吧,希望岛上的叔叔、阿姨、爷爷、奶奶还有小朋友能用上干净的水! 希望美丽的珊瑚岛永远干净、美丽!"林清建议道。

"好,我同意!"霍普举起双手兴奋地说。

妈妈看向林清的爷爷,他点点头,随即说道:"好! 我们今天就去捡垃圾!"

这一天,他们几乎捡走了岛上的所有垃圾,走了许多路,然而却乐此不疲,一路上欢声笑语。霍普从来没想过原来捡垃圾也可以这么愉快。

"爷爷,为什么岛上不能形成有用的淡水呢?"林清跟在爷爷的身后,问出了自己的疑惑。

"不是不能形成……岛上形成淡水的条件比较复杂,这和岛屿的水文地质情况、岛屿的大小、降雨量,甚至是每天大海的潮起潮落都可能有关系。我们还是让你霍普妈妈解释一下吧。"

妈妈答道:"要形成淡水,首先珊瑚岛要形成适合淡水长期稳定储存的容器。"

"适合淡水储存的容器?"林清有些不明所以。

"是的。以前人们可以在岛上打井取水说明岛上是可以形成淡水的,但是时有时无,这又说明形成的淡水不稳定。珊瑚礁岛上淡水的来源是由雨水渗入到地下形成的;但是仅仅有雨水还不够,岛的地质地貌结构等条件决定了这个岛是否能够长期稳定地存储淡水。一般地下淡水主要出现在有厚的松散珊瑚砂砾沉积层、地势低洼但高于海平面的礁岛上,而那些高潮时被淹没,低潮时才出露海面的珊瑚礁是不能储存淡水的。通常珊瑚礁岛的下部是更新世形成的珊瑚礁岩,具有成熟的岩溶特征,裂隙和溶洞发育非常好,渗透性高,珊瑚礁体外的海水容易渗入和流通,成为礁体内部的常态水——咸海水,而从礁体上部渗流下来的淡水很快渗透并融入下部的海水中,没有办法储存淡水;而因为珊瑚礁上部松散的全新世珊瑚砂砾沉积物孔隙率相对较低,渗透率也相对较低,海水不易渗入,由地表渗入的雨水则容易保留下来,由于雨水的密度比海水的密度低,会形成漂浮在咸海水面之上、上表面高出海平面的淡水区域。有时上部是珊瑚岩,但由于成岩年代晚,孔隙、溶洞发育不充分,渗透性差,雨水也会保留下来形成淡水资源。"

"这就是所谓的'淡水透镜体'吗?一个中间厚边缘薄的、类似抛物线型的透镜状的淡水体。"林清的爷爷忍不住发问。

"是的,林先生。这个概念最早是在沿海国家开发地下淡水时发现并提出的,后来引入海岛开发的供水问题研究中。"

林清的爷爷赞同地点点头,说:"如果岛屿太小,也不适合形成稳定的淡水区域,因为岛的面积或者宽度太小,留存下来的雨水会很快从两边流入海中,或者遭到海水入侵。"

"嗯。国家吹沙造岛,倒是为形成地下淡水资源提供了有利的地质条件。"

"林清,淡水透镜体你明白是什么意思吗?"霍普凑过来在林清耳边低语道。

林清想了一会儿,耸耸肩,双手一摊,摇摇头,表示他也没弄明白是什么意思。

"应该就是一个藏在珊瑚砂里的水囊吧。"霍普说出自己的见解。

"那只要找到合适的储水的容器就可以了，对吗？"林清又向霍普的妈妈发问。

霍普的妈妈摇摇头，说："岛上留下来的淡水就像这茫茫大海里的一朵浪花，变化无常，非常脆弱，容易被破坏。如果遇到强大的风暴潮或者台风、海啸，低洼岛屿会部分甚至全部被淹没，海水就可能入侵到淡水透镜体中，导致淡水透镜体缩小或咸化。如果留存下来的淡水层太薄，基本的自然损耗都维持不了，雨季存在的淡水，旱季的时候便会消失，这样的淡水也没有太大的开采价值。"

"真是一水难求啊！"林清的爷爷叹息道。

林清听着，苦恼地摸摸头。

妈妈继续说："而且留存下来的淡水一般都在岛屿的上部，容易受到污染。以前岛屿未被开发的时候，岛上腐烂的枯枝和鸟粪较多。它们的许多成分会渗透到水层中，使得岛上开采出来的水又黄又浑浊，并且还有异味。"

"岛上的人真是太辛苦了。等我长大了，我要成为像妈妈一样的科学家，帮助他们解决困难！"

霍普抬起头看向妈妈，妈妈微笑着点点头。

天色渐渐暗下来，远处传来一阵阵海潮声，他们决定返程。

然而返程中，细心的林清发现，在路的边缘，每隔一定的距离就有一个直径约有十几厘米的孔，上面有一块四四方方的木板，一根绑着线的小木条卡在木板中间的小孔上。

"罗阿姨，你知道这是什么吗？这条路上有好多呢。"

"这些……应该是之前来到岛上的研究人员打的地下淡水的监测

孔,里面布置了传感器的。他们应该是沿着路打了许多不同深度的孔,来监测这个岛上淡水透镜体的变化情况。而且在这些孔附近应该会有不同深度的水井,研究人员用来定期检测地下淡水的水质。"

果然,林清在不远处发现了几个白色的小石亭,石亭里面各有一个圆井,井壁上写着"水质监测井"的字样。

林清的爷爷看时间不早了,催促着他们上了快艇。

林清和霍普一路上都在讨论如何保护淡水、珍惜淡水,仿佛一天之中又长大了许多。

第十二章

小花园

　　快乐的时光总是短暂的，很快就来到了霍普此次珊瑚岛之旅的最后一天。她和林清来到海边再次享受赶海的乐趣。

　　两位大人坐在远处的椰树下望着他们欢乐的身影乘着凉。

　　妈妈含笑说："林清长大以后，会是个勇敢、有担当的好男孩。"

　　爷爷沉默了一会儿，说："林清是个苦命的孩子。"

　　妈妈有点儿诧异地看着林清的爷爷。

　　"林清并不是我的亲孙子，他的爸爸妈妈在生下他不久就跟村里的其他人一起外出打工了，林清独自和他眼睛不好的奶奶生活在珊瑚屋里。他长这么大，父母也仅仅在他三岁的时候回去过一次。如今其他孩子的爸爸妈妈陆续回了家乡，他的父母却迟迟没有回去。"

　　霍普的妈妈沉默了，这个故事触动了她心底最柔软的弦，半晌才说："林清是个坚强的孩子。"

　　"是啊！他从来没有为自己的遭遇而抱怨，但是有时候我发现他也会怔怔地发呆，毕竟他始终缺少父爱和母爱。"

　　妈妈默默地伸手按在爷爷的手背上安慰他，又像是在安慰自己，她望着远处的身影，心中五味杂陈。

　　……

　　分离的时候终于到了，霍普和林清拥抱告别。

　　霍普和妈妈上了船，站在甲板上看着小岛离自己越来越远，妈妈告诉她这次回去会多陪她一段时间。霍普开心极了，依偎在妈妈身边，紧紧地拥抱着她，好一会儿才进去舱里。

　　回到热闹繁华的城市，霍普有点儿怀念珊瑚岛上的静谧，时常想念与林清在岛上玩耍的时光。

　　妈妈发现她有些闷闷不乐，经常翻看在珊瑚岛上的照片和潜水时拍摄的视频，看出了她的心思。

　　周末这天,妈妈带着霍普来到市中心,当她们走到一座雄伟的大厦前时,霍普赫然看到"海洋科技博物馆"的字样,顿时开心极了,甚至心中莫名升起一股亲切感。

　　霍普和妈妈来到入口,感应门就自动打开了。

　　一只海龟爬了过来:"嗨! 你们好! 欢迎来到海洋科技展览馆! 我是玳瑁,是海龟的一种。接下来我将引领你们观看馆中的一切,除标本厅外,你将看到的都是和我一样的全息影像。"

　　"咦! 我在珊瑚岛见过你的同类呢! 只不过它的头和嘴都是圆的,你的是尖尖的。"

　　"玳瑁是海龟种类中最勇猛的物种,我们以肉食为主,尖尖的嘴更有利于撕碎猎物。其他海龟性情太温和了,以草类为主。"

　　霍普听出了点炫耀的味道,有点儿嫌弃地说:"你爬得那么慢,科技馆这么大,我们得看到什么时候呢?"

　　玳瑁在前面慢条斯理地走着,说:"那只是在陆地上的速度,我们海龟在海里的速度可一点儿都不慢。"

　　这时,妈妈说:"带我们去海洋生物观览厅吧。"

　　她们跟着玳瑁通过一条长长的通道,光线渐渐变暗,当光线重新变明亮的时候,她们发现自己置身于一个空旷的大厅。

　　眼前出现一个巨大的弧形幕墙,幕墙上一圈绿茵茵、泛着光辉的海水,犹如漂浮在幽蓝海面上硕大无朋的莲叶,中间是一座心形小岛,小岛浮在海上,白色的沙堤环绕着它,如人间仙境般美好。

　　"欢迎来到海洋生物观览厅,你们眼前的是珊瑚岛的全景图,完全依据岛的航拍图进行制作。现在,你们可以选择你们想见的生物。"

　　"玳瑁,我想看一下大海里的海绵!"霍普喊道。

　　"好的,我们马上进入多孔动物门。"玳瑁说完,大厅的四周忽然涌入深蓝色的海水,她们被浸没在了海洋的世界里,一切又如那日置身在大海深处一样。玳瑁则悠闲地游在了她们前面。

大海里生机勃勃,到处是海草、海百合怒放的森林,成群的鱼儿、水母在水里游来游去……霍普伸出手抓向一根长长的飘带,那只水母忽然剧烈地抖动起来,霍普赶紧松开带子,一把拽住妈妈的手,躲到她的身后。

"你可能抓到水母的触手了。"妈妈凑到霍普耳边小声地说。

妈妈牵着霍普的手向前走去,霍普发现了海底的岩石上生长着许多烟囱状的生物,跟那日拾到的海绵样子差不多,还有圆球状的、瓶状的、壶状的,有橙色、黄色、红色、紫色、蓝色。一个体型很大,亮红色的艳丽生物赫然出现在面前,它好似趴在前面的珊瑚礁岩上,表面凹凸不平,还有许多密集的孔洞……忽然,这几种生物靠近了她们。

"你们面前的这几种生物就是海绵。"玳瑁突然说话,"你们可以近距离观察它们。"

"它们的身上孔太多了,我不要看到它们,太恐怖了!"有密集恐惧症的霍普喊了出来,看到这些其貌不扬的海绵,她身上的鸡皮疙瘩都起来了。

"海绵本身就因其多孔而得名,多孔动物门又称海绵动物门。"

看到双眼紧闭的霍普,妈妈贴心地说:"玳瑁,请带我们去看其他生物吧。"

"好的,我带你们去欣赏软体动物。"

霍普睁开眼睛的时候,看到形形色色的贝壳、海螺在海水中一张一合地呼吸,偶尔吐出几个大大的水泡。

一只硕大的贝壳样的生物吸引了霍普的眼球,它通体是灰色的,外壳呈垄状,壳上长着许多红褐色的藻类,表面有一道道呈放射状的沟槽,就如车辙印迹一般,正慢慢张开壳,壳外缘还露出了肥厚的亮蓝色的肉体,上面有好看的花纹,漂亮极了。它的旁边还有两个跟它很像的贝壳,只是它们的双壳上生有一片片翘起的鳞。玳瑁说它们是砗磲,是海洋中最大的贝壳。霍普伸开臂膀,那只砗磲竟比她的胳膊还要长,她惊叹原来砗磲可以长到这么大。

砗磲

这时,一只海螺慢慢爬进他们的视野,这只海螺有三十厘米长的样子,外壳呈灰白色,螺旋形盘曲,下身是橙红色的火焰纹,上端口部呈黑色,眼部的似为珍珠釉,闪着银色的光芒,嘴是黑色的,弯弯地勾起。

"这个是鹦鹉螺,是一种非常古老的生物,早在 5 亿年前,海洋中就有了它的身影。"玳瑁在大海中游来游去,解释说。

"鹦鹉螺?"霍普歪着脑袋去看它,大笑起来,"这样看还真的有些

鹦鹉螺

像鹦鹉呢。"

　　玑瑁游到霍普的前方,似乎对这样的反应习以为常,继续它一本正经的讲授:"鹦鹉螺已有了四亿多年的生命史,经历了地球的沧桑演变,但是形状、习性并未有很大的变化,它们对于生物学家研究生物进化、古生物、古气候有特殊的意义,有'活化石'之称;而且具有极其重要的仿生学意义,人类模仿鹦鹉螺的上浮、下沉方式,制造出了第一艘潜水艇。它们喜欢栖息在一百至六百米的深海处,很少被人发现,因此,对于人类来说充满了神秘感。"

　　"看,凤尾螺也过来了!"

　　霍普和妈妈注意到一只外壳高而尖的海螺,这只海螺最少也有三十厘米长,它的外壳呈乳白色,有深褐色斑纹和新月形斑纹交织形成的复杂的图案,闪着釉色的光彩,格外美丽。

　　"原来这就是凤尾螺啊!它真漂亮!"霍普非常高兴地说。

　　"凤尾螺是珊瑚虫勇敢的卫士,在对抗珊瑚'杀手'棘冠海星时非常勇猛,深受渔民的热爱,它还是受佛教尊崇的法器之一。"

　　"真想看看凤尾螺是怎么对付棘冠海星的。"霍普说。

　　"这个没问题！"

　　玳瑁的话音刚落，就看到一只红色的长棘海星旁若无人地在一块褐绿色的珊瑚上找了个舒服的姿势摊开来。过了好一会儿，长棘海星才慢慢挪开身体，但是那处珊瑚原本亮丽的色彩消失了，只剩下一片僵死的灰白，而那灰白的印迹，在活珊瑚荧荧的彩色映衬下，竟像盖了个海星印章一样，将长棘海星身体的模样呈现了出来。

　　一旁看着的霍普着急了："凤尾螺怎么还不去收拾它呀，都快把珊瑚吃没了！"

　　这时，一只身上沾满海藻的大凤尾螺从壳口伸出了肉乎乎的触手，慢慢地向长棘海星爬去，而长棘海星却安逸地趴在珊瑚上，似乎没有发现危险来临。

　　然而霍普却是紧张极了，心想：凤尾螺真的能制服长棘海星吗？长棘海星有又长又尖锐的刺，而且还有毒。妈妈感觉到她的手心里都有些汗冒出，手指轻拍她的手背示意她放松下来。

　　凤尾螺缓缓而行，当它快到达目标时，长棘海星似乎有所发现，突然一收腕足，开始逃遁。这时，凤尾螺伸出触手，一下子抓住了长棘海星的一个腕足，长棘海星像触电一般马上把腕足缩了回来，并发动其他腕足拼命逃跑，想往珊瑚礁石的缝隙里钻。凤尾螺驮着一个大的硬壳，无法钻进狭窄的石头缝，它用自己的触手按住长棘海星的刺柄，并伸出捕食器朝长棘海星腹部拱去，一个用力将长棘海星掀翻了过来，长棘海星四仰八叉，凤尾螺则从容地爬到了它的肚子上开始享受大餐，临走时还给其他鱼儿留了一点残羹冷炙。

　　霍普长长地舒了一口气，感觉舒服极了。

　　接着，又是一只只海螺接踵而至，各种各样、千奇百怪的海螺和贝壳让她们眼花缭乱、目不暇接，玳瑁又向她们介绍了唐冠螺、万宝螺、鸡心螺、蜘蛛螺、莲花螺、海兔螺、骰贝、虎斑贝、马蹄螺……

一眨眼的瞬间，她们进入了一个美丽的花园世界。

"欢迎来到海底龙宫的御花园！"

她们的四周都是争奇斗艳的珊瑚，光彩夺目，布满了整个海底，连一块裸露的岩石都看不到。

花园里，石珊瑚挺拔俊秀，像盛开的石花。

紫褐色的蔷薇珊瑚，犹如玫瑰花瓣一般瑰丽。

粗野的鹿角珊瑚在礁石上傲然挺立。

褐色的牡丹珊瑚，犹如玉树琼花。

橘红色的红鸡冠珊瑚，鲜艳欲滴。

太阳花珊瑚，金黄灿烂，还有红红的'花蕊'。

绿色的千佛手珊瑚，随着水波摇曳，姿态优美。

尼罗河珊瑚，挥舞着柔软波浪般的触须，如牡丹盛开般美丽。

红褐色的香菇珊瑚，沁人心脾。

白色的杯形珊瑚，像是盛满了琼浆玉液欢迎远方的客人。

……

最引人入胜的是那株高大的红珊瑚，透着诱人的红色。

还有成群结队的鱼儿游弋在珊瑚丛中，突然出现的鲨鱼，吓得霍普拉着妈妈就要逃跑。

忽然，周围的珊瑚的颜色渐渐淡了下去，珊瑚们疯狂的摇曳着，似乎在挣扎着呼喊救命。不一会儿，花园里金色的太阳花珊瑚消失了，接着红色、紫色、粉色、黄色……都消失了，石珊瑚渐渐剩下了一丛丛突兀而刺眼的白骨，珊瑚丛里的鱼儿、虾、蟹都逃走了，那只硕大的砗磲也不再活动，它鲜亮的色彩消失了，只剩下张开的白色外壳留在那里。顿时，海水充满浊气，花园里一片死亡的气息。

霍普非常惊恐，她想搞清楚大海里到底发生了什么。

因全球变暖而白化的硬珊瑚和远处尚未白化的硬珊瑚

"亲爱的小朋友,这是珊瑚白化,是珊瑚礁的灾难!"玳瑁游来游去地说,"珊瑚礁的生长,承受了很多的压力,不仅有自然的压力,更多的是来自人类社会的压力。"

"人类社会的压力?人类做了什么?"霍普茫然地问。

霍普看着那些白化的珊瑚,清澈的眼睛里充满了怜惜。

"人类不断燃烧煤和石油,排放了大量的温室气体,大气中二氧化碳浓度升高,导致全球变暖,地球表面的温度升高,海水的温度也随之上升。珊瑚动物们只能在一个很小的水温范围内存活,任何温度的变化对于它们来说都潜在致命的危险。水温的波动,无论上升或者下降,都有可能使珊瑚失去生命力,变成白色。而海水温度上升则会引起最为明显的后果,温度在几天内只要升高一到二摄氏度,就可能导致珊瑚死亡。"

"对不起!是我们伤害了美丽的珊瑚!"霍普垂下眼眸,神情很悲伤。

玳瑁继续说:"除了全球气候变暖以外,大气中高浓度的二氧化碳也会融入海水中,海水出现酸化,珊瑚分泌的碳酸钙被溶解,珊瑚礁几乎不再增长。还有,人类频繁地修筑海岸工程、商业开发、捕鱼撒网甚至毒鱼炸鱼,或者往大海中投放垃圾,都殃及了无辜的珊瑚礁。人类的某些生活方式使海水的营养化程度增加了,海藻大量地生长,泥沙、沉积物进入干净的珊瑚礁水域,海水变得浑浊,使得原本脆弱的珊瑚不能享受阳光的照拂。"

渔民用炸药炸鱼殃及美丽的珊瑚礁

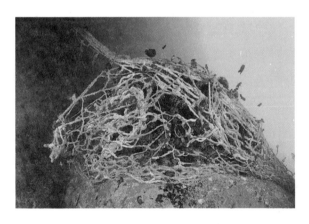

遗弃在珊瑚礁上的渔网

玳瑁说话有条不紊,字字铿锵,像是在控诉人类对珊瑚礁造成伤

113

害的罪行。霍普感受到珊瑚动物们绝望的气息,心情变得非常糟糕,她明白美丽的珊瑚礁成了人类社会发展无辜的牺牲品。

这时,大海中出现了几个潜水员,他们在珊瑚礁上观察着,不时取走几块珊瑚。一会儿潜水员消失了,海水变得澄澈了,出现了许多像火山口的石头,表面布满了密密麻麻的白色的小孔,潜水员又回来了,带着好看的珊瑚回来了,潜水员将珊瑚固定在了那些怪石上。

霍普小声地问玳瑁:"他们在做什么?"

一小丛粉红色的珊瑚在怪石上生长起来,霍普又看到了挥舞的珊瑚,顿时开心极了。

玳瑁游了过来,说:"这些是人造珊瑚礁,是科学家们为珊瑚们制造的小花园,是它们新的住宅区。科学家们人工培育珊瑚,帮助珊瑚礁恢复往日的生机。"

"真是太好了!"霍普高兴地欢呼,"可是,这和一般的珊瑚礁完全不同,科学家们不能制造的更逼真一些吗,这样看起来会不会显得很不协调?"

"这些新的住宅区只是珊瑚们生长的一种平台,等珊瑚群发展壮大了,足够覆盖所有的基石,就能呈现出珊瑚礁应有的景象了。但是小朋友,只有我们人类世世代代的呵护和帮助,天堂般的珊瑚岛礁和美丽的白色沙滩才会永远地存在于我们身边……"

她们环顾四周,海水里又恢复了勃勃生机。

霍普陷入了沉思,也许自己内心曾经还有些许抱怨和困惑,但看到这绚烂多彩的海底世界,了解到妈妈一直以来的忙碌是做了这么有意义的事情,她突然释怀了,甚至开始越发感谢妈妈的付出。同时,她的心中,一颗理想的种子也在不知不觉中悄悄萌芽。

后　记

　　几十年来，我怀着极大兴趣开展的珊瑚礁砂的工程地质性质的研究不断有着新的进展和发现，但从 20 世纪 80 年代的南沙综合考察项目起就一直处于保密的状态，文章需掐头去尾，专著只能内部出版，严重制约了珊瑚礁砂这种特殊岩土介质的研究发展。几十位从事此研究的硕博士生只能选择较为中性的研究内容进行开题，所撰文章等经常被审稿人以保密为由不予刊登。近五年来，要感谢科技部、国家自然科学基金委和中国科学院对珊瑚礁砂的研究给予的连续资助，使得在国家最需要我们的时候，把几十年的研究成果应用到实际工程中。

　　随着我国"一带一路"倡议的提出，海上丝绸之路沿线国家有 80％位于珊瑚礁砂岩地层之上，他们由于种种原因，基础建设尚未大规模进行，且世界范围内又无现成的经验可循，我们以科普读物的形式完成了此专著，以飨读者，希望能对"一带一路"倡议贡献绵薄之力。

　　本书的整个写作过程由吴文娟博士独立完成，我仅说了些前述的想法，希望能以中学生的视角和理解能力写好故事情节，所以在修改过程中我也有意不做改动，生怕影响童趣。请专家审读修整后，书稿达到了当时的初心，也望读者能不断给予我们建议，以后再生系列丛书。

汪　稔

2017 年 12 月 25 日

于武汉小洪山